インプレス R&D [NextPublishing] Future Coders E-Book / Print Book

手を動かしながら理解を深めよう
Web技術速習テキスト

田中 賢一郎 著

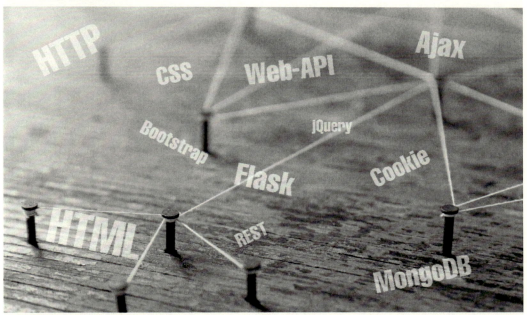

はじめに

　Webアプリ関連技術の進化は驚くほど速く、カバーすべき範囲も増える一方です。キャッチアップするのは容易ではありません。ブラウザ上で実行されるフロントエンドだけでなく、通信プロトコル、サーバサイドでの処理、データベースと関連技術の範囲は多岐にわたります。最近はクラウド上のサービスを活用するケースも増えています。どこからどう着手すればよいのかわからず、茫然としてしまう人も多いでしょう。

　そんな折、
　　・生徒さんから「Webアプリをつくってみたい」という声を頂いたり
　　・コンサルタント先から「Web関連技術を体系的に教育してほしい」と依頼を受けたり
　　・出版社の方から「新人教育にも使えるWeb技術の入門書がほしい」とお声がけ頂いたり
といったことが続いたので、本書の執筆に着手しました。

　本書を執筆する上で以下のような点に留意しました。
　　・例や図を用いてわかりやすく説明すること。
　　・技術の歴史的な背景や、その流れに言及すること。
　　・手を動かしながら理解を深められること。

　1冊の本でWeb関連技術のすべてを説明し尽くすことはできません。"木を見て森を見ず"という状況に陥らないように、各分野を深く掘り下げることはしていません。ただし、今後学習を進める上で欠かせない基礎的な事項に関しては重点的に説明しました。一通り読んで全体の流れを理解した後で、必要に応じて別途書籍や記事などを参照して頂ければと思います。

　対象読者としては、プログラミングの勉強を始めた新社会人や学生の方を想定しています。サンプルはJavaScriptとPython、HTML/CSSで記述しています。JavaScriptやPythonなどの若干の知識・経験があると、より内容を深く理解できます。

　本書の内容がこれからWeb関連技術に関わる方々の一助になればと願っております。

2019年初春　著者

目次

はじめに ……………………………………………………………………………………… 2

第1章 インターネットプロトコルの基礎 ……………………………………………… 9

1.1 IPアドレス ……………………………………………………………………………… 10
   1.1.1 IPアドレスとは ……………………………………………………………………… 10
   1.1.2 ネットワークとホスト ……………………………………………………………… 12

1.2 ルータ …………………………………………………………………………………… 16

1.3 ポート番号 ……………………………………………………………………………… 18

1.4 グローバルアドレスとプライベートアドレス ……………………………………… 24

1.5 FQDN（Fully Qualified Domain Name）とDNS ………………………………… 27

1.6 DHCP（Dynamic Host Configuration Protocol） ……………………………… 30

1.7 標準コマンド …………………………………………………………………………… 33
   1.7.1 Windows標準コマンド ……………………………………………………………… 33
   1.7.2 macOS標準コマンド ………………………………………………………………… 37

1.8 レッスン ………………………………………………………………………………… 41

第2章 HTTPの基礎 ……………………………………………………………………… 43

2.1 サーバとクライアント ………………………………………………………………… 44

2.2 リクエストとレスポンス ……………………………………………………………… 46
   2.2.1 リクエスト …………………………………………………………………………… 47
   2.2.2 レスポンス …………………………………………………………………………… 49

2.3 リクエストとレスポンスを見る ……………………………………………………… 52
   2.3.1 デベロッパーツールで見る ………………………………………………………… 52
   2.3.2 簡易Webサーバで見る ……………………………………………………………… 53

2.4 GETとPOSTの詳細 …………………………………………………………………… 59
   2.4.1 Pythonで簡易Webサーバを作り、headerとbodyを見る ……………………… 60
   2.4.2 GETによる挙動を確認する ………………………………………………………… 63
   2.4.3 POSTによる挙動を確認する ……………………………………………………… 64

2.5 Formによるデータ送信 ……………………………………………………………… 68

2.6 URL ……………………………………………………………………………………… 70
   2.6.1 URLのフォーマット ………………………………………………………………… 70
   2.6.2 URLエンコーディング ……………………………………………………………… 71

2.7 レッスン ………………………………………………………………………………… 73

第3章　HTMLとCSSの基礎 ··· 75

3.1　歴史的背景とCSSの登場 ··· 76

3.2　HTMLの文法 ··· 80
　　　3.2.1　主なHTML要素 ·· 83

3.3　CSSの文法 ·· 84
　　　3.3.1　カスケーディング ··· 84
　　　3.3.2　主なスタイル特性 ··· 84
　　　3.3.3　インラインスタイル指定 ·· 85
　　　3.3.4　スタイルシート指定 ·· 85

3.4　レッスン ··· 96

第4章　jQueryの基礎 ·· 97

4.1　JavaScriptでのDOM操作 ·· 98
　　　4.1.1　主なDOMプロパティ ·· 103

4.2　jQuery ··· 107
　　　4.2.1　jQueryの準備 ·· 107
　　　4.2.2　jQueryの考え方 ·· 107
　　　4.2.3　よく使う命令 ·· 109

4.3　jQuery-UI ·· 118

4.4　レッスン ·· 122
　　　4.4.1　DOM ·· 122
　　　4.4.2　jQuery ·· 124

第5章　Web-APIの基礎 ··· 125

5.1　Web-APIとは ·· 126

5.2　Postman ··· 127

5.3　JSON ··· 129

5.4　シンプルなWeb-APIを試す ·· 132
　　　5.4.1　郵便番号 ·· 132

5.5　アプリケーションキーが必要なWeb-APIを試す ·························· 136
　　　5.5.1　NASA ·· 137
　　　5.5.2　NHK番組表API ·· 142
　　　5.5.3　マイクロソフトCognitive Service ································ 147

5.6　レッスン ·· 157
　　　5.6.1　天気 ··· 157
　　　5.6.2　学術図書 ·· 157

4　　目次

第6章　Bootstrapの基礎 ･･･ 159

6.1　メディアクエリ ･･ 160

6.2　Bootstrapとは ･･ 163

6.2.1　グリッドレイアウトの考え方 ････････････････････････････････ 163
6.2.2　準備 ･･ 165
6.2.3　クラスを使った指定 ･･･････････････････････････････････････ 166
6.2.4　色の指定 ･･ 166

6.3　グリッドレイアウト ･･･ 169

6.3.1　レスポンシブ ･･･ 171
6.3.2　マージンとパディング ･･････････････････････････････････････ 173
6.3.3　要素の配置（水平） ･･･ 174
6.3.4　要素の配置（垂直） ･･･ 176

6.4　各種コンポーネント ･･･ 179

6.4.1　Jumbotron ･･･ 179
6.4.2　Card ･･･ 180
6.4.3　フォーム ･･ 182

6.5　レッスン ･･ 185

第7章　Flaskの基礎 ･･ 187

7.1　Flaskとは ･･ 188

7.1.1　最初のFlaskサーバ ･･･････････････････････････････････････ 188
7.1.2　ルーティング ･･･ 189
7.1.3　パス変数 ･･ 191
7.1.4　パラメータ変数 ･･･ 192

7.2　Jinjaとは ･･ 195

7.2.1　パラメータ ･･･ 195
7.2.2　オブジェクト ･･･ 197
7.2.3　配列（リスト） ･･･ 198
7.2.4　if else文 ･･･ 203

7.3　レッスン ･･ 206

第8章　Cookieとセッション・REST ･･･････････････････････････････････････ 207

8.1　Cookieとセッション ･･･ 208

8.1.1　ステートレスとステートフル ･･･････････････････････････････ 208
8.1.2　Cookieを見る ･･ 209
8.1.3　Cookieの動作手順 ･･･････････････････････････････････････ 211
8.1.4　Cookieカウンタ ･･ 214
8.1.5　Fakeログイン ･･･ 216

8.2　RESTfulサービス ･･･ 219

8.2.1　RESTの4原則 ･･ 219
8.2.2　RESTFulの例 ･･･ 220

8.3　レッスン ･･ 225

目次　　5

第9章　Ajax（Asynchronous JavaScript + XML）······································ 227

9.1　Ajaxとは··· 228

9.2　同期・非同期··· 229

9.3　XMLHttpRequest··· 231

9.4　jQueryを使った非同期通信·· 234

9.5　Promise··· 236

9.6　CORS（Cross Origin Resource Sharing）·· 239

9.7　レッスン·· 251

第10章　MongoDBの基礎··· 253

10.1　セットアップ·· 254

10.2　MongoDBの構造·· 259

　　　10.2.1　MongoDBへのデータの挿入··· 260

10.3　Pythonでのアクセス·· 265

　　　10.3.1　接続··· 265

　　　10.3.2　挿入··· 266

　　　10.3.3　検索··· 267

　　　10.3.4　削除··· 269

10.4　レッスン··· 270

第11章　フレームワークの基礎·· 273

11.1　フレームワークの仕組み·· 274

11.2　Vue.jsの基本·· 276

　　　11.2.1　準備··· 276

　　　11.2.2　要素とオブジェクトの関連付け··· 277

　　　11.2.3　データバインディング·· 278

　　　11.2.4　双方向データバインディング··· 279

　　　11.2.5　繰り返し·· 282

　　　11.2.6　イベント·· 284

　　　11.2.7　算出プロパティ·· 286

11.3　axiosを使ったネットワークアクセス··· 289

第12章　サンプルアプリ作成で確かめるWeb技術の変遷 ………………………………… 295

　12.1　DOMローカルバージョン ……………………………………………………………… 296

　12.2　Formバージョン ………………………………………………………………………… 300

　12.3　Ajaxバージョン ………………………………………………………………………… 305

　12.4　Vue.jsバージョン ……………………………………………………………………… 312

　　　12.4.1　ローカルバージョン …………………………………………………………… 312

　　　12.4.2　MongoDBバージョン ………………………………………………………… 316

　12.5　Bootstrapバージョン …………………………………………………………………… 322

　おわりに ……………………………………………………………………………………… 327

　著者紹介 ……………………………………………………………………………………… 329

第1章　インターネットプロトコルの基礎

インターネットが整備される前、パソコンは単体（スタンドアロン）で使うことが一般的でした。今日ではほとんどのパソコンはインターネットに接続されています。インターネットは、電気・ガス・水道といったインフラの1つといってもいいくらい生活に欠かせないものになりました。本章ではコンピュータがどのように通信を行うかについて説明します。

1.1 IPアドレス

IPアドレスはコンピュータの電話番号のようなもので、コンピュータが通信をするときの土台となります。まずはIPアドレスがどのようなものか見ていきましょう。

1.1.1 IPアドレスとは

当たり前のことですが、郵便を届けるには送付先の住所が必要です。電話をかけるには相手の電話番号が必要です。同じようにコンピュータを使って通信をするには通信相手のIPアドレスが必要になります。

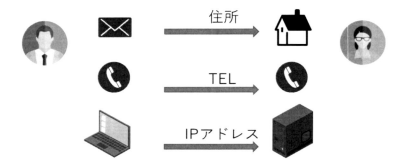

郵便番号は7桁です。電話番号は10桁もしくは11桁が一般的です。IPアドレスは0と1が32個ならんだ数値（2進数）です。

11000000101010000000000100001100

コンピュータにとってはこのような数値を処理することは何の問題もありませんが、人間にとっては覚えられる量ではありません。そこで、以下のように表現することにしました。

1）8ビットごとに分ける

  11000000　10101000　00000001　00001100

2）2進数を10進数に変換する

  192　168　1　12

3）4つの10進数をドットで連結する

  192.168.1.12

これが一般的にIPアドレスと呼ばれるものです。このように4つの数字を区切って表現することで読みやすくなります。インターネットにつながっているPCにはすべてこのようなIPアドレスが割り当てられています。

では、今使っている端末にどのようなIPアドレスが割り当てられているか確認してみましょう。

【Windowsの場合】

「コマンドプロンプト」を立ち上げて、ipconfigと入力して実行してください。

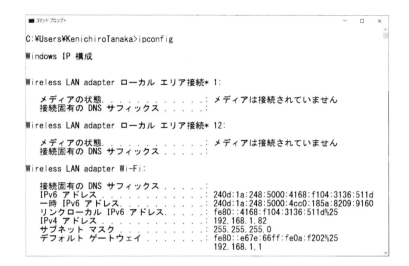

「IPv4 アドレス」の欄に書かれている値が、一般に「IPアドレス」と呼ばれるものです。

【macOSの場合】

「ターミナル」を開き、ifconfigと入力して実行してください。

```
Kenichiro:~ kenichirotanaka$ ifconfig
lo0: flags=8049<UP,LOOPBACK,RUNNING,MULTICAST> mtu 16384
        options=1203<RXCSUM,TXCSUM,TXSTATUS,SW_TIMESTAMP>
        inet 127.0.0.1 netmask 0xff000000
        inet6 ::1 prefixlen 128
        inet6 fe80::1%lo0 prefixlen 64 scopeid 0x1
        nd6 options=201<PERFORMNUD,DAD>
gif0: flags=8010<POINTOPOINT,MULTICAST> mtu 1280
stf0: flags=0<> mtu 1280
en0: flags=8863<UP,BROADCAST,SMART,RUNNING,SIMPLEX,MULTICAST> mtu 1500
        ether ac:bc:32:cc:0f:63
        inet6 fe80::5a:268d:d94d:7ff4%en0 prefixlen 64 secured scopeid 0x4
        inet6 240d:1a:4a:f700:aebc:32ff:fecc:f63 prefixlen 128 dynamic
        inet 192.168.1.106 netmask 0xffffff00 broadcast 192.168.1.255
        nd6 options=201<PERFORMNUD,DAD>
        media: autoselect
        status: active
en1: flags=963<UP,BROADCAST,SMART,RUNNING,PROMISC,SIMPLEX> mtu 1500
        options=60<TSO4,TSO6>
        ether 4a:00:04:50:a1:f0
        media: autoselect <full-duplex>
        status: inactive
en2: flags=963<UP,BROADCAST,SMART,RUNNING,PROMISC,SIMPLEX> mtu 1500
```

「inet」の後ろに書かれている値が、一般に「IPアドレス」と呼ばれるものです。

　実際にIPアドレスを調べてみると多くの人が、192.168.x.xもしくは10.x.x.xといったIPアドレスだったと思います。これは、RFC1918という文書で、以下の範囲をLAN（ローカルエリアネットワーク）用に予約すると記載してあるためです。

- 10.0.0.0〜10.255.255.255
- 172.16.0.0〜172.31.255.255
- 192.168.0.0〜192.168.255.255

パソコンの設定にもよりますが、複数のIPアドレスが表示されることもあります。Wi-Fiや有線LANなど、パソコンをネットワークへ接続する方法はいろいろあります。このようにネットワークへ接続するデバイスをネットワークインターフェースと呼びます。一般的に、ネットワークインターフェース1つにつき、1つのIPアドレスが割り当てられます。

SIMカードを2枚さすことができる携帯電話もありますが、そのような携帯電話の場合は電話番号が2つあるはずです。ちょうどそのようなイメージです。

最近は仮想化（PCの中で別の仮想的なPCを動かすこと、VirtualBox、Hyper-V、Dockerなどが有名）もよく使われますが、そのような場合にも仮想的なネットワークインターフェースがインストールされます。

1.1.2 ネットワークとホスト

電話番号は「市外局番＋市内局番＋加入者番号」から構成されます。同じ局内であれば市外局番をかける必要はありません。

●市外局番の例

市外局番	市内局番	市外局番の例
△	××××	東京3、大阪6
△△	×××	横浜45、京都75、神戸78
△△△	××	旭川166、松本263、鳥取857
△△△△	×	伊豆大島4992、硫黄島9913

実はIPアドレスも「ネットワークアドレス＋ホストアドレス」というように分割されています。例えば、192.168.1.80というIPアドレスを考えてみます。一見しただけでは、どこまでがネット

ワークアドレスで、どこまでがホストアドレスかはわかりません。そこでネットマスク[1]の出番となります。

ipconfigコマンドもしくはifconfigコマンドを実行したとき、サブネットマスクという項目がありました。筆者の環境ではその値は255.255.255.0となっていました。255というのは2進数にすると11111111となります。つまり、サブネットマスクを2進数にすると11111111 11111111 11111111 0000000となります。IPアドレスと並べてみましょう。

192 . 168 . 1. 80

IPアドレス	11000000	10101000	00000001	01010000

255 . 255. 255. 0

サブネットマスク	11111111	11111111	11111111	00000000

IPアドレス AND サブネットマスク	11000000	10101000	00000001	00000000

サブネットマスクは先頭から1が連続しています。実は、この1の範囲がネットワーク部分を表しています。IPアドレスとサブネットマスクのAND演算（1の部分だけを取り出す）を行うとその結果は11000000 10101000 00000001 00000000（＝192.168.1.0）となります。これがこのIPアドレスのネットワークアドレスに他なりません。逆にサブネットマスク0の範囲がホスト部分なので、ホスト番号は80となります。

上記の例では、ホスト部分は00000000（0）〜11111111（255）までの256個が利用できます。ただし、全て0の番号はネットワーク、全て1の番号はブロードキャスト（ネットワークに接続している全員に通知）として予約されているため、実際にホスト番号として使えるのは1〜254（＝256 − 2）の254個となります。

このようにネットワーク部分とホスト部分の長さを確実に判断するにはサブネットマスクが必要です。よって、多くの場合IPアドレスとサブネットマスクは一緒に表記されます。

IPアドレス/サブネットマスク

例）192.168.1.80/255.255.255.0

もしくは、「サブネットでは先頭から24ビット、1が連続している」ということを明記するために

IPアドレス/1ビットの数

例）192.168.1.80/24

と記述することもあります。

実はサブネットマスクは最初からあったものではありません。最初はIPアドレスの先頭のビットを見て、以下のようにネットワーク部分とホスト部分を固定していました。

---

1. サブネットマスクとネットマスクは厳密には異なるものですが、ほぼ同じ意味で使用されることが多いため本書ではこれらを同じものとして説明します。

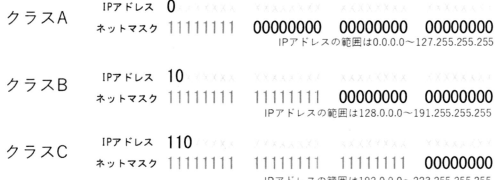

　例えば、IPアドレスの先頭のビットが0の場合、クラスAのIPアドレスとなり、ネットマスクは255.0.0.0と決まります。先頭の2ビットが10であればクラスBとなり、ネットマスクは255.255.0.0となります。先頭のビットでネットマスクが決まるので、サブネットマスクを使う必要もありません。しかし、この方法には柔軟なネットワークが構成できず、IPアドレスを効率よく割り当てられないという問題がありました。

　具体例で考えてみましょう。クラスCの場合は、ホスト部分が8ビットなので、1つのネットワークに254台のホストを収容できます（2の8乗は256、ネットワークアドレスとブロードキャストアドレスの2つ分を差し引いて254）。クラスBの場合は、ホスト部分が16ビットなので、1つのネットワークに65533台収容できます。学校や企業によっては300台とか500台の端末をつなぎたいこともあるでしょう。しかし、クラスBでは多すぎるし、クラスCでは足りません。まさに帯に短したすきに長しといった感じです。

　このような状況を改善すべくサブネットマスクという仕組みが導入されました。どこまでをネットワーク部分、どこまでをホスト部分にするかはネットワーク管理者の腕の見せ所です。サブネットマスクの範囲を変えることで、1つのネットワークに収容できる端末数を柔軟に変更することができます。

　例えば、255.255.255.240というサブネットマスクを使った場合を見てみましょう。

　このサブネットマスクに収容できるホストの数は、0001(1)～1110(14)までの14台となります（0000はネットワーク、1111はブロードキャストで予約）。

　例えば小規模な開発プロジェクトがたくさんあり、それぞれに別のネットワークを割り当てる場合は、ネットワーク部分を増やし、ホスト部分を少なくしたいでしょう。逆に、学校のキャンパス

のように生徒がたくさんつなぐ可能性がある場合には、255.255.0.0のように、ネットワーク部分を減らして、ホスト部分を増やし、多くの端末を収容できるネットワークを用意したくなるかもしれません。このような要望に応えるのがサブネットマスクなのです。

IPアドレスは通信の基本です。以下の事項をしっかりと把握してください。

・通信するためにはIPアドレスが必要
・IPアドレスはネットワーク部分とホスト部分に分かれている
・同じネットワークに属するホストは同じネットワークアドレスを有する
・ネットワーク部分の範囲を示すためにサブネットマスクが使用される

ちなみに127.0.0.1というIPアドレスは自分自身（ローカルホスト）のIPアドレスとして予約されています。

1.2 ルータ

世界中にネットワークを張り巡らせるには、ネットワーク同士を接続しなくてはなりません。その働きをするのがルータです。

　ここまでIPアドレス（ネットワーク＋ホスト）について見てきました。インターネットの利点は複数のネットワークをまたいで、世界中の相手と通信ができることです。そのためにはネットワークの境界を越えて通信をする必要がありますが、そのとき大切な働きをするのがルータです。ルータとは複数のネットワークを接続するデバイスです。ルータはそれぞれのネットワークを中継するため、複数のIPアドレスを持っています。

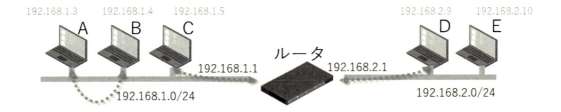

　同じネットワークに所属する端末は直接通信することができます。他のネットワークに所属する端末と通信するには、ルータに中継してもらう必要があります。

　上の例ではA、B、Cは`192.168.1.0/24`という同じネットワークに属しています。よってAとBは直接通信ができます。しかし、Dは別のネットワーク`192.168.2.0/24`に属しているため、CからDへ通信する場合はルータを介さなくてはなりません。

　A、B、Cが英語、DとEが日本語しかしゃべらない、そんなグループをルータ（通訳）が中継する、そんなイメージです。同じネットワークに所属する人は直接会話ができますが、別のネットワークの人と話すには通訳を介さなくてはなりません。

　ipconfigを実行したときに、デフォルトゲートウェイという項目がありました。

```
   IPv4 アドレス . . . . . . . . . . . : 192.168.1.82
   サブネット マスク . . . . . . . . : 255.255.255.0
   デフォルト ゲートウェイ . . . . . .: 192.168.1.1
```

　このデフォルトゲートウェイは、「どこに転送していいかわからないときには、このIPアドレスに送る」という設定です。先ほどの例を見てみましょう。端末AがBやCにデータを送る場合、ネットワークアドレスが同じなので、直接送信できることがわかります。一方、端末A（IPアドレス192.168.1.3）が端末DやEなど外部のネットワークにデータを送る場合、とりあえず192.168.1.1のルータにお願いすれば、そのルータが適切にデータを転送してくれます。この端末Aにとっては192.168.1.1がデフォルトゲートウェイになります。

1.3 ポート番号

「IPアドレスがわかれば通信できるか」というと、実はそうはいきません。手紙も同じですが、住所がわかっただけでは目的を達成できません。宛名が必要です。パソコンも同じです。宛先のパソコンの中の、どのプログラムと通信するか指定する必要があります。

パソコンのなかでは多くのプログラムが常時稼働しています。

【Windowsの場合】
「タスクマネージャ」を開いて詳細ボタンをクリックしてください。

【macOSの場合】
「アプリケーションフォルダ」→「ユーティリティ」→「アクティビティモニタ」を起動します。

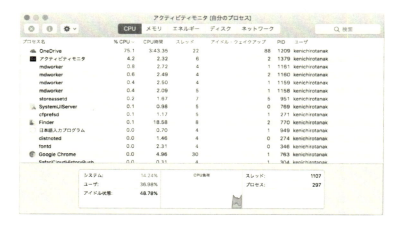

自分で起動したアプリケーションだけでなく、多数のプロセスが動作していることがわかります。プロセスとは稼働中のプログラムです。Webサーバやメールサーバといったサーバもプロセスに他なりません。

封筒に宛名が必要だったように、あなたがリモートの端末のプロセスと通信するときには、どのプロセスと通信をするのか特定する必要があります。ざっと見ただけでは、どのプロセスがどんな仕事をしているか分かりません。そこで、通信を待機するプロセスにはあらかじめポート番号という数値を割り当てておきます。

内線番号を使って電話をかけるイメージが近いかもしれません。代表の電話番号がIPアドレス、内線番号がポート番号に相当します。まず、代表の電話番号に電話をかけて、内線番号を使って、総務部、営業部、開発部など目的の部署に繋いでもらいます。通信も同じで、IPアドレスを使ってホストを特定し、ポート番号を使って目的のサービスに接続します。

0〜1023までのポート番号は「何番はどの用途に使う」ということがあらかじめ決められています。このポート番号のことをwell known portと呼びます。例をいくつか列挙します。

プロトコル	ポート番号	用途
FTP	20, 21	ファイル転送
HTTP	80	Webページ転送
SMTP	25	メール送信
POP3	110	メール受信
DNS	53	ドメイン名の管理
HTTPs	443	セキュアなHTTP通信

このように、通信をするにはIPアドレスだけでなくポート番号も必要なのです。

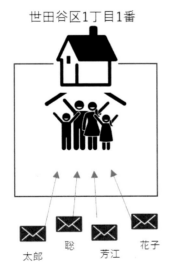

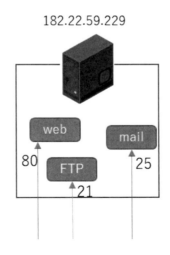

たとえば、182.22.59.229というIPアドレスのサーバに接続して、Webページを取得するには、

第1章 インターネットプロトコルの基礎

その端末でポート80番を使用しているサーバ（プロセス）と通信することになります。

封筒とIPパケットの比較イメージを以下に示します。インターネット上の通信はパケットという短いデータに分割して送信されます。それぞれのパケットには送り先（IPアドレスとポート）、送り主（IPアドレスとポート）が記述されています。ちょうど封筒に宛先（住所と氏名）と送り主（住所と氏名）が記載されるのと同じです。

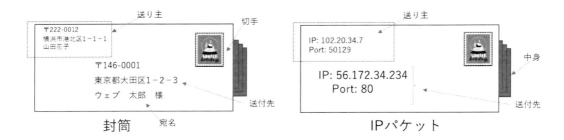

封筒の中のデータ、すなわちパケットの中に含まれるデータは相手先のサーバに届けられます。その内容をどのように解釈するかはサーバのプロセス次第です。

端末でどのポート番号が使用されているかはnetstatコマンドで調べることができます。

【Windowsの場合】

「コマンドプロンプト」を開き、netstat -o -nと実行してください。netstatはネットワークの通信状態を調べるコマンドです。-oオプションはPID（プロセスを特定するID）を表示する、-nはアドレスとポートを数値で表示するオプションです。

```
C:\Users\KenichiroTanaka>netstat -n -o

アクティブな接続

  プロトコル  ローカル アドレス        外部アドレス           状態           PID
  TCP         192.168.1.82:49320      40.100.52.2:443        ESTABLISHED    10520
  TCP         192.168.1.82:49322      40.100.52.2:443        TIME_WAIT      0
  TCP         192.168.1.82:49323      40.100.52.2:443        ESTABLISHED    10520
  TCP         192.168.1.82:49334      52.230.84.0:443        ESTABLISHED    9744
  TCP         192.168.1.82:49356      34.216.95.200:443      ESTABLISHED    11720
  TCP         192.168.1.82:49358      34.216.95.200:443      ESTABLISHED    11720
  TCP         192.168.1.82:49359      34.216.95.200:443      ESTABLISHED    11720
  TCP         192.168.1.82:49361      34.216.95.200:443      ESTABLISHED    11720
  TCP         192.168.1.82:49362      34.216.95.200:443      ESTABLISHED    11720
  TCP         192.168.1.82:49364      34.216.95.200:443      ESTABLISHED    11720
  TCP         192.168.1.82:49365      34.216.95.200:443      ESTABLISHED    11720
  TCP         192.168.1.82:49366      34.216.95.200:443      ESTABLISHED    11720
  TCP         192.168.1.82:49376      13.251.99.200:443      ESTABLISHED    11720
  TCP         192.168.1.82:49381      52.230.84.0:443        ESTABLISHED    8196
  TCP         192.168.1.82:49408      52.230.7.59:443        ESTABLISHED    4832
  TCP         192.168.1.82:49409      52.230.84.217:443      ESTABLISHED    4832
```

1行が1つのコネクション（接続）に該当します。

【macOSの場合】

「ターミナル」を開き、netstat -nと実行してください。どのようなコネクションが利用されているか一覧として表示されます。ローカルのIPアドレスとポート番号、外部のIPアドレスとポート番号を確認できます。

```
Kenichiro:~ kenichirotanaka$ netstat -n
Active Internet connections
Proto Recv-Q Send-Q  Local Address          Foreign Address        (state)
tcp4       0      0  192.168.1.106.49636    17.252.130.50.443      ESTABLISHED
tcp6     564      0  240d:1a:4a:f700:.49635 2404:6800:4004:8.443   ESTABLISHED
tcp4       0      0  192.168.1.106.49634    184.26.115.165.443     ESTABLISHED
tcp4       0      0  192.168.1.106.49633    184.26.115.165.443     ESTABLISHED
tcp4       0      0  192.168.1.106.49632    184.26.115.165.443     ESTABLISHED
tcp4       0      0  192.168.1.106.49631    184.26.115.165.443     ESTABLISHED
tcp4       0      0  192.168.1.106.49630    184.26.115.165.443     ESTABLISHED
tcp4       0      0  192.168.1.106.49629    54.199.190.177.443     ESTABLISHED
tcp4       0      0  192.168.1.106.49628    13.33.0.22.443         ESTABLISHED
tcp4     289      0  192.168.1.106.49627    13.230.115.161.443     CLOSE_WAIT
tcp4       0      0  192.168.1.106.49626    13.33.4.150.443        ESTABLISHED
tcp4       0      0  192.168.1.106.49625    13.33.4.150.443        ESTABLISHED
tcp4       0      0  192.168.1.106.49624    13.33.4.150.443        ESTABLISHED
tcp4       0      0  192.168.1.106.49623    104.244.42.72.443      ESTABLISHED
tcp6       0      0  240d:1a:4a:f700:.49622 2a03:2880:f10f:8.443   ESTABLISHED
tcp4      31      0  192.168.1.106.49621    153.120.13.158.443     CLOSE_WAIT
tcp4       0      0  192.168.1.106.49620    52.198.147.166.443     ESTABLISHED
tcp4       0      0  192.168.1.106.49619    13.33.0.175.443        ESTABLISHED
tcp6       0      0  240d:1a:4a:f700:.49618 2a03:2880:f00f:8.443   ESTABLISHED
tcp6       0      0  240d:1a:4a:f700:.49617 2a03:2880:f00f:8.443   ESTABLISHED
tcp4       0      0  192.168.1.106.49616    52.86.22.237.443       ESTABLISHED
```

ポート番号は、サーバだけにあるものではなく、クライアント側にも存在します。このように、接続（コネクション）を特定するには接続元のIPとポート、接続先のIPとポートといった4つの情報が必要となります。

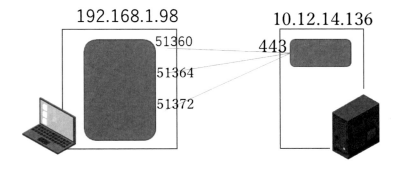

この例では、ローカルアドレス192.168.1.98の51360、51364、51372、……といったポートから外部のアドレス10.12.14.136のポート443に3つの接続があることがわかります。

接続元IP	接続元ポート番号	接続先IP	接続先ポート番号
192.168.1.98	51360	10.12.14.136	443（HTTPS）
192.168.1.98	51364	10.12.14.136	443（HTTPS）
192.168.1.98	51372	10.12.14.136	443（HTTPS）
…	…	…	…

ある端末から遠隔のサーバに接続する場合、接続先のIPとポート番号を明示します。接続元IPアドレスは自分のIPアドレスです。一般的に、接続元ポート番号は、自分の端末で空いているポート番号（使っていないポート番号）から適当な番号が選ばれます。

サーバは特定のポート番号でクライアントからのリクエストを待機します。例えば、10.219.32.120というIPアドレスの端末でWebサーバを稼働したとします。Webサーバはポート80でhttpのリクエストを待機します。

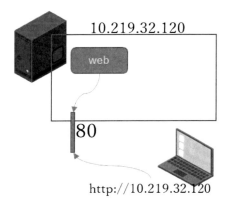

サーバにおいて、複数のプロセスが同じポート番号で待機することはできません。そのような時はポート番号を変えてWebサーバを起動することができます。

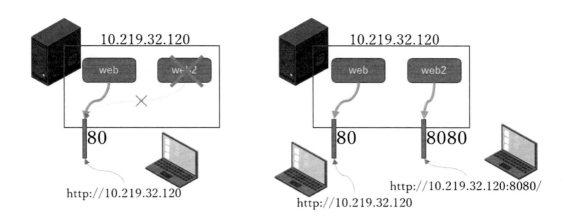

　本書では、後ほどいろいろなポート番号でWebサーバを起動します。Webサーバを起動したときに、"既にポートが使用されています"という旨のエラーが表示された場合、おそらく既に別のWebサーバが稼働しています。どのプロセスがポートを使用しているか、netstatコマンドやタスクマネージャを使って確認してください。

1.4　グローバルアドレスとプライベートアドレス

IPv4のアドレスは32ビットなので約43億通りの表現が可能です。策定当時は32ビットもあれば十分と思われていたのですが、インターネットの普及とともにIPアドレスが足りなくなってきました。インターネットを策定した研究者たちもここまでの爆発的な普及は予想できなかったのでしょう。本節ではIPアドレス枯渇問題への対処方法の1つとして利用されているプライベートアドレスとグローバルアドレスについて説明します。

　アドレス枯渇の本質的な解決策としてIPv6という次世代仕様が策定され、徐々に移行が進みつつあります。しかしながら、いまだにIPv4も根強く使われています。IPv4が生き残っている理由として、NATやNAPTといった技術の普及があります。
　例として、電話番号で考えてみます。会社や学校には多数の電話がありますが、全ての電話に必ずしも外線番号が割り当てられているとは限りません。

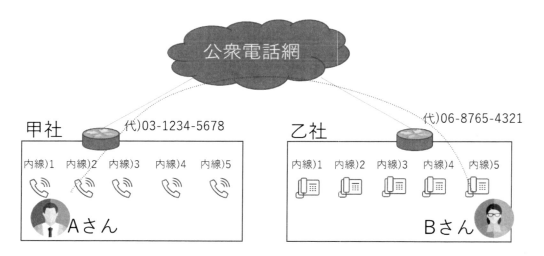

　甲社のAさんと乙社のBさん、ともに外線直通の番号は持っていません。このような状況にもかかわらずAさんもBさんもさほど不自由なく電話を使うことができます。これは、それぞれの会社で内線番号を使用しているからです。甲社で使っている内線番号と、乙社の内線番号には重複があるかもしれませんが、番号の重複が問題になることはありません。
　外部から社内に電話をかける場合、最初に代表の電話にかけて、内線番号に転送してもらいます。社内から外部に電話をかける場合、0や9といった外線発信番号を最初にかけて、電話をかけるのが

普通です。また社内（内線同士）の通話は、単に内線番号をかけるだけです。

グローバルアドレスとプライベートアドレスの仕組みは電話における外線・内線と似ています。

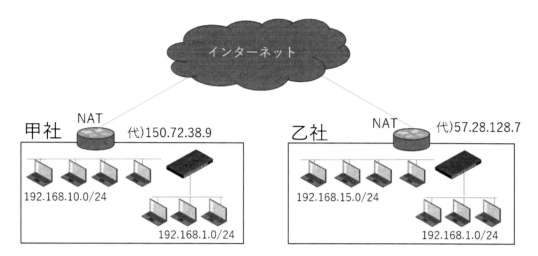

インターネットと直結する端末にはかならずグローバルIPアドレスが割り当てられています。代表の電話番号と同じです。グローバルIPアドレスを個人で使っている人もいますが、多くの企業や学校などの組織では、組織の代表としてグローバルIPアドレスを取得しています。

学校や会社などの組織にはNAT（Network Address Translation）もしくはNAPT（Network Address Port Translation）といった機器が導入されており、組織内からインターネットにアクセスするときに、プライベートIPアドレスをグローバルIPアドレスに自動で変換して中継しています。

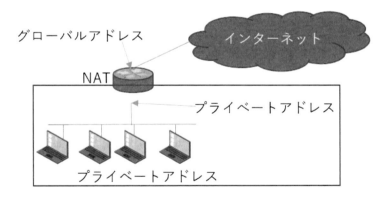

このため、インターネット上のサーバから見ると、グローバルアドレスから接続されているようにみえます。グローバルアドレスはインターネット上で重複はありません。一方、プライベートアドレスは、その組織の中で重複がなければ問題ありません。会社が違えば内線番号が重複しても大丈夫なように、別の組織で同じネットワークアドレスを使っても大丈夫です。

以下の表と図で整理してみます。

第1章　インターネットプロトコルの基礎　25

電話番号	インターネット
代表の電話番号があれば、外部と通話可能	グローバルアドレスがあれば、インターネットと通信可能
内線番号同士なら直接通話できる	プライベートアドレス同士なら直接通信できる
外線発信番号を使えばどこへでも通話可能	NAT（NAPT）を介すればどこへでも通信可能
社内で同じ内線番号は重複しない	社内で同じアドレスは重複しない

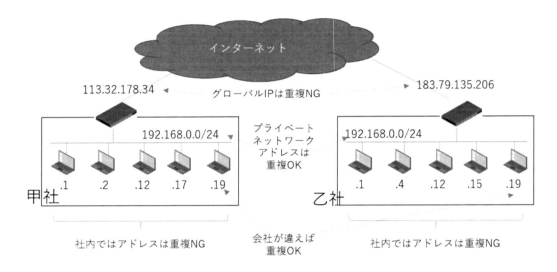

　このNATやNAPTの仕組みは企業や学校などの組織に限るものではなく、インターネットプロバイダを家庭で利用しているときにも使われています。

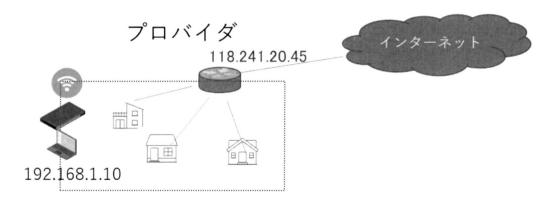

　「インターネットから見たとき、自分のIPアドレスがどのように見えているのか？」気になった人はhttps://www.cman.jp/network/support/にアクセスしてみてください。さまざまな情報を確認することができますが、「IPアドレス確認」の項目からインターネット側からみた自分IPアドレスを確認できます。

1.5 FQDN（Fully Qualified Domain Name）とDNS

インターネットに直接つながっている端末にはグローバルアドレスが割り当てられているので、そのアドレスとポート番号がわかれば通信できるはずです。しかしながら、IPアドレスはとても覚えやすいと言えるものではありません。そこでFQDNの出番です。

　携帯電話で電話をかけるとき、電話番号を直接入力する人はほとんどいないと思います。おそらくは電話帳から名前を選択して発信ボタンを押しているはずです。

　インターネットでも同じです。サーバに接続するためにはIPアドレスが必要ですが、サーバのIPアドレスを暗記して、そのIPアドレスを入力する人はいません。www.yahoo.co.jp、www.google.com、jp.msn.comといった名前を使っているはずです。では、どのように「名前をIPアドレスに変換する」のでしょうか？

　数台〜数十台であれば、携帯電話のように電話帳で管理することもできるでしょう。しかし、何億台もあるインターネット上の端末を、1冊の電話帳で管理することは現実的ではありません。そこで昔の研究者は、名前からIPアドレスを調べられる階層的なシステムを開発しました。それがDNS（Domain Name Server）です[2]。

　この階層構造を理解するには郵便局の配送システムをイメージしてもらうのがよいかもしれません。まず、郵便物を配送する際、近所の郵便局に投函します。もし同じ町内であれば、その郵便局が届けてくれます。県内の別の市であれば、県の中央郵便局まで届けられ、そこから宛先の市の郵便局へ送られ配達します。県外、国外と管轄が広範囲になるほど上位の郵便局にお願いすることになります。自分の担当範囲には責任を持ちつつ、わからないことは上位に任せる、といった階層構造で管理しています。重要なのは、複数の場所で分散して管理するとともに、自分の範囲だけに責任をもつということです。

2.https://www.nic.ad.jp/ja/newsletter/No22/080.html

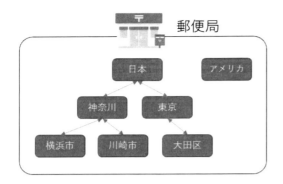
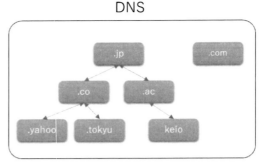

　DNSも似ています。最上位にjp、com、netなどを管理するルートサーバがいます。これらのサーバは自分の直下の情報のみを管理します。例えば.jpは.coや.acを管理しています。同じように.coは.yahooや.tokyuを管理するといった具合です。わからないことは他のサーバに任せるのです。このように分散して連携して膨大な情報を管理する、これがDNSのポイントです。

　最上位から末端までのすべてのラベルを「.」でつなぐとサーバが一意に特定できます。この名前のことをFQDN（Fully Qualified Domain Name）といいます。例えば、
　・www.yahoo.co.jp
　・www.google.com
などがFQDNに相当します。
　ただし、通信をするたびに毎回DNSに問い合わせるのは効率的ではありません。そこでパソコンではドメインとIPアドレスのペアをキャッシュとして覚えておき、既に知っている場合はその内容を使用します。

【Windowsの場合】
　「コマンドプロンプト」でipconfig /displaydnsと実行してください。おそらく大量の情報が表示されたと思います。これがドメイン情報のキャッシュです。

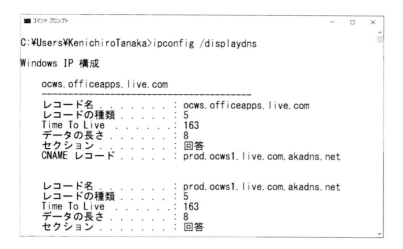

ipconfig /flushdnsと実行するとこれらの情報をクリアすることができます。

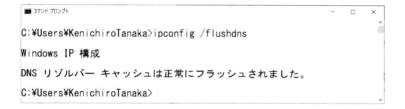

【macOSの場合】

「ターミナル」を開き、以下のコマンドを実行します。killallは該当するプロセスを終了します。mDNSResponderはネットワーク関連の管理を行うサービスです。dscacheutilコマンドはキャッシュを操作します。-flushcacheオプションでキャッシュをクリアします。

1.6　DHCP（Dynamic Host Configuration Protocol）

インターネットはもはや生活基盤であり、ネットワークに詳しくない人でも簡単に使えなくてはなりません。「誰でもネットワークに簡単につなげるように、ネットワーク設定を自動的に行う」、それがDHCPです。

パソコンを使い始めた時に、
・Wi-FiのSSIDを設定する
・モバイルルータと接続する
・イーサネットケーブルをつなぐ

といった作業をするだけでインターネットにつなげられたはずです。昔は端末をネットワークに接続するときは自分でIPアドレスを設定する必要がありました。今はそのようなことをする必要はありません。なにもしていないのに適切なIPアドレスが割り振られています。他の人と重複することもありません。なぜでしょう？　その答えがDHCP（Dynamic Host Configuration Protocol）です。

以前はネットワーク管理者が個々のパソコンにネットワークアドレスが重複しないよう手動で設定する必要があり、とても大きな作業負担でした。コンピュータ技術者は楽をするために努力する人達です。自動的にIPアドレスが割り振られるプロトコルDHCPをそんな人たちが策定したのは必然だったといっていいでしょう。

困ったときは大声をだせば周囲の人が助けてくれます。

DHCPもこれと同じです。パソコンはネットワークに参加したときに"だれかIPアドレスを割り当ててください！"と全員にブロードキャストします。

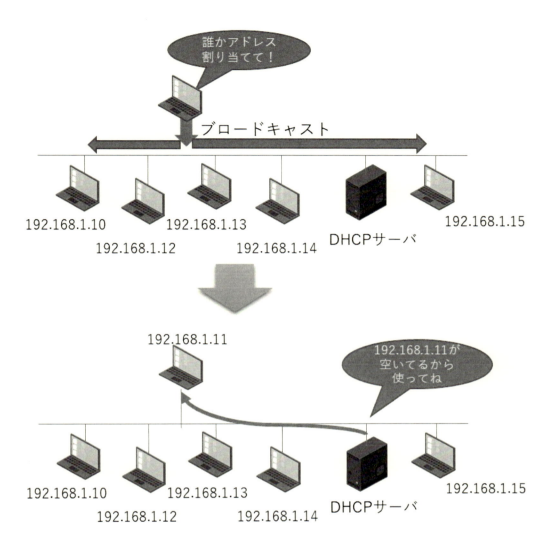

　そのメッセージを受け取ったDHCPサーバは現在使用していないIPアドレスを、その端末に通知します。

【Windowsの場合】
　ipconfigコマンドでもDHCPの設定内容を見ることができます。ipconfig /allと実行してください。

```
Wireless LAN adapter Wi-Fi:

   接続固有の DNS サフィックス . . . . . :
   説明. . . . . . . . . . . . . . . . . : Marvell AVASTAR Wireless-AC Network Controller
   物理アドレス. . . . . . . . . . . . . : C4-9D-ED-1E-5C-6D
   DHCP 有効 . . . . . . . . . . . . . . : はい
   自動構成有効. . . . . . . . . . . . . : はい
   IPv6 アドレス . . . . . . . . . . . . : 240d:1a:248:5000:4168:f104:3136:511d(優先)
   一時 IPv6 アドレス. . . . . . . . . . : 240d:1a:248:5000:4cc0:185a:8209:9160(優先)
   リンクローカル IPv6 アドレス. . . . . : fe80::4168:f104:3136:511d%25(優先)
   IPv4 アドレス . . . . . . . . . . . . : 192.168.1.82(優先)
   サブネット マスク . . . . . . . . . . : 255.255.255.0
   リース取得. . . . . . . . . . . . . . : 2019年3月11日 17:57:55
   リースの有効期限. . . . . . . . . . . : 2019年3月12日 18:06:33
   デフォルト ゲートウェイ . . . . . . . : fe80::e67e:66ff:fe0a:f202%25
                                           192.168.1.1
   DHCP サーバー . . . . . . . . . . . . : 192.168.1.1
   DHCPv6 IAID . . . . . . . . . . . . . : 247766509
   DHCPv6 クライアント DUID. . . . . . . : 00-01-00-01-22-EE-D3-B9-C4-9D-ED-1E-5C-6D
   DNS サーバー. . . . . . . . . . . . . : 240d:1a:248:5000:e67e:66ff:fe0a:f202
                                           192.168.1.1
   NetBIOS over TCP/IP . . . . . . . . . : 有効
```

さまざまな情報が出力されますが、DHCPが有効になっているか、DHCPサーバのアドレスが何か、などを確認することができます。

【macOSの場合】
　ipconfigコマンドのgetoptionコマンドを使ってDHCPサーバのアドレスを確認できます。コマンドに続いてインターフェース名、server_identifierと指定します。

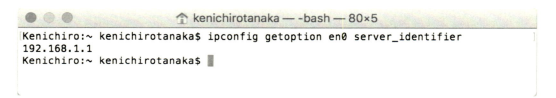

　DHCPサーバから無事にIPアドレスが取得できれば良いのですが、DHCPサーバとの通信が失敗した場合などは169.254.1.0～169.254.254.255の範囲内のアドレスが使われることがあります。これは、APIPA（Automatic Private IP Addressing）という技術が有効になっている可能性が高いです。APIPAはプライベートで小規模なネットワークにおいてアドレスを自動的に割り当てる技術です。ただし、Private IPとあるように、このIPアドレスを使って外部と通信することはできません。Private IPが割り当てられた場合はDHCPサーバとの通信を確認しましょう。

1.7 標準コマンド

"ネットワークがつながらない" そんなときは原因を特定する必要があります。そのためのツールが各種コマンドです。ここでは主なコマンドの使い方を説明します。

　作成したWebアプリが不具合もなくスムーズに稼働することはまずありません。予期しない問題が起きるのが普通です。インターネットプロトコルに関する知識を持ったうえで、各種ツールを駆使して原因を特定し、対処策を考える……そんなスキルがとても重要になります。

　ネットワークの状態を調べるためにいろいろなコマンドが用意されています。それらの代表的なものを以下に列挙します。各種コマンドはコマンドオプションを受け付けるのが一般的ですが、すべて覚える必要はありません。多くのコマンドが-h、/h、-?、/?などのオプションを与えると、詳しい使い方を出力してくれます。"このコマンドはこんなことができる" といった概要だけ覚えて、必要に応じてコマンドオプションを調べるとよいでしょう。

1.7.1 Windows標準コマンド

・ping

　指定した相手とネットワーク的につながっているか確認するコマンドです。ネットワークの遅延時間、混雑度なども調べられます。

```
■ コマンド プロンプト                                              ─    □    ×

C:\Users\KenichiroTanaka>ping yahoo.co.jp

yahoo.co.jp [182.22.59.229]に ping を送信しています 32 バイトのデータ:
182.22.59.229 からの応答: バイト数 =32 時間 =14ms TTL=53
182.22.59.229 からの応答: バイト数 =32 時間 =128ms TTL=53
182.22.59.229 からの応答: バイト数 =32 時間 =91ms TTL=53
182.22.59.229 からの応答: バイト数 =32 時間 =52ms TTL=53

182.22.59.229 の ping 統計:
    パケット数: 送信 = 4、受信 = 4、損失 = 0 (0% の損失)、
ラウンド トリップの概算時間 (ミリ秒):
    最小 = 14ms、最大 = 128ms、平均 = 71ms
```

　反応が返ってくるということは、相手と自分に正しくIPアドレスが割り当てられて、経路制御が正しく行われているということを意味します。

　localhostや127.0.0.1（自分自身）を指定してpingコマンドを実行することで自分自身のネットワークインターフェースの状態を確認することもできます。この段階で失敗したら、ネットワークインターフェースの不具合や、TCP/IPプロトコルの設定が疑われます。

```
■ コマンド プロンプト                                                    —     □     ×

C:\Users\KenichiroTanaka>ping 127.0.0.1

127.0.0.1 に ping を送信しています 32 バイトのデータ:
127.0.0.1 からの応答: バイト数=32 時間<1ms TTL=128
127.0.0.1 からの応答: バイト数=32 時間<1ms TTL=128
127.0.0.1 からの応答: バイト数=32 時間<1ms TTL=128
127.0.0.1 からの応答: バイト数=32 時間<1ms TTL=128

127.0.0.1 の ping 統計:
    パケット数: 送信 = 4、受信 = 4、損失 = 0 (0% の損失)、
ラウンド トリップの概算時間 (ミリ秒):
    最小 = 0ms、最大 = 0ms、平均 = 0ms

C:\Users\KenichiroTanaka>ping localhost

DESKTOP-E6AIAAT [::1]に ping を送信しています 32 バイトのデータ:
::1 からの応答: 時間 <1ms
::1 からの応答: 時間 <1ms
::1 からの応答: 時間 <1ms
::1 からの応答: 時間 <1ms

::1 の ping 統計:
    パケット数: 送信 = 4、受信 = 4、損失 = 0 (0% の損失)、
ラウンド トリップの概算時間 (ミリ秒):
    最小 = 0ms、最大 = 0ms、平均 = 0ms

C:\Users\KenichiroTanaka>
```

　インターネットと接続しているか調べるために8.8.8.8というアドレスへpingコマンドを実行し、応答が得られるかどうか調べてみてください。

```
■ コマンド プロンプト                                                    —     □     ×

C:\Users\KenichiroTanaka>ping 8.8.8.8

8.8.8.8 に ping を送信しています 32 バイトのデータ:
8.8.8.8 からの応答: バイト数 =32 時間 =5ms TTL=121
8.8.8.8 からの応答: バイト数 =32 時間 =5ms TTL=121
8.8.8.8 からの応答: バイト数 =32 時間 =9ms TTL=121
8.8.8.8 からの応答: バイト数 =32 時間 =5ms TTL=121

8.8.8.8 の ping 統計:
    パケット数: 送信 = 4、受信 = 4、損失 = 0 (0% の損失)、
ラウンド トリップの概算時間 (ミリ秒):
    最小 = 5ms、最大 = 9ms、平均 = 6ms
```

　8.8.8.8を指定する理由は、Googleが運用するDNSサーバなのでかなりの信頼性で稼働しているためです。8.8.8.8と通信できればインターネット回線とつながっていると確認できます。

・ipconfig

　ネットワークインターフェースに関する情報を表示します。/allを指定するとすべての情報を表示することができます。ネットワークに関する情報を取得するときには、最初に実行すべきコマンドです。IPアドレス、ネットマスク、デフォルトゲートウェイなどの情報を確認するだけでなく、以下のような操作も可能です。

　　　・DHCPリリース延長：ipconfig /renew
　　　・DHCPリリース：ipconfig /release
　　　・DNSキャッシュの確認：ipconfig /displaydns
　　　・DNSキャッシュのクリア：ipconfig /flushdns

・nslookup

DNSサーバに問い合わせをおこないます。FQDNからIPアドレスを取得、もしくはその逆を実行します。8.8.8.8というIPアドレスを調べるとgoogle-public-dns-a.google.comというFQDNが得られます。

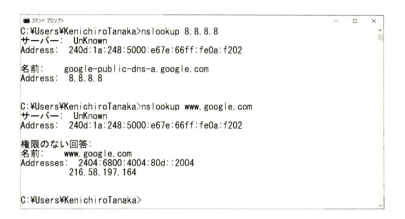

・tracert

目的のホストまでの経路を表示します。

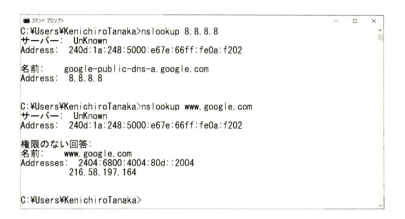

・netstat

現在の接続状況の一覧を表示します。引数なしで実行すると外部のアドレスをFQDNに、ポート番号をプロトコルに変換して表示します。数値のまま表示するには-nオプションを使用します。

```
C:\Users\KenichiroTanaka>netstat -n

アクティブな接続

  プロトコル  ローカル アドレス         外部アドレス          状態
  TCP         192.168.1.82:49334      52.230.84.0:443      ESTABLISHED
  TCP         192.168.1.82:49356      34.216.95.200:443    ESTABLISHED
  TCP         192.168.1.82:49358      34.216.95.200:443    ESTABLISHED
  TCP         192.168.1.82:49359      34.216.95.200:443    ESTABLISHED
  TCP         192.168.1.82:49361      34.216.95.200:443    ESTABLISHED
  TCP         192.168.1.82:49362      34.216.95.200:443    ESTABLISHED
  TCP         192.168.1.82:49364      34.216.95.200:443    ESTABLISHED
  TCP         192.168.1.82:49366      34.216.95.200:443    ESTABLISHED
  TCP         192.168.1.82:49376      13.251.99.200:443    ESTABLISHED
  TCP         192.168.1.82:49381      52.230.84.0:443      ESTABLISHED
  TCP         192.168.1.82:49408      52.230.7.59:443      ESTABLISHED
```

・route

route printでルーティングテーブルの情報を表示します。

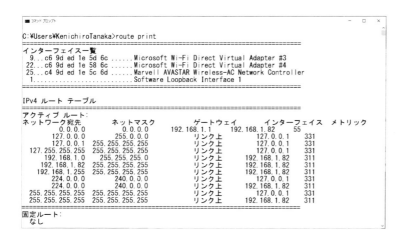

ルーティングテーブルとは、あて先のIPアドレスから次に送るべきルータの情報を保持するテーブルです。テーブルの最初の4列は以下の通りです。

宛先アドレス	ネットマスク	ゲートウェイ	インターフェース

　宛先アドレスとネットマスクからネットワークアドレスを求め、それと合致したら、その行のインターフェース経由でゲートウェイへ転送します。例えば上記の出力では、192.168.1.10へ送る場合、192.168.1.0/255.255.255.0の行が該当するため、192.168.1.82のインターフェースから送信します。宛先と自分が同じネットワークに接続されているためゲートウェイに送る必要はありません。

1.7.2 macOS標準コマンド

・ping

指定した相手とネットワーク的につながっているか確認するコマンドです。ネットワークの遅延時間、混雑度なども調べられます。

```
● ● ●                🏠 kenichirotanaka — -bash — 80×18
Kenichiro:~ kenichirotanaka$ ping www.yahoo.co.jp
PING edge12.g.yimg.jp (183.79.250.251): 56 data bytes
64 bytes from 183.79.250.251: icmp_seq=0 ttl=55 time=12.650 ms
64 bytes from 183.79.250.251: icmp_seq=1 ttl=55 time=13.231 ms
64 bytes from 183.79.250.251: icmp_seq=2 ttl=55 time=13.861 ms
^C
--- edge12.g.yimg.jp ping statistics ---
3 packets transmitted, 3 packets received, 0.0% packet loss
round-trip min/avg/max/stddev = 12.650/13.247/13.861/0.495 ms
Kenichiro:~ kenichirotanaka$ ▊
```

反応が返ってくるということは、相手と自分に正しくIPアドレスが割り当てられて、経路制御が正しく行われているということを意味します。コマンドを中止するには Control + C キーを押下します。

localhostや127.0.0.1（自分自身）を指定してpingコマンドを実行することで自分自身のネットワークインターフェースの状態を確認することもできます。この段階で失敗したら、ネットワークインターフェースの不具合や、TCP/IPプロトコルの設定が疑われます。

```
● ● ●                🏠 kenichirotanaka — -bash — 80×18
Kenichiro:~ kenichirotanaka$ ping 127.0.0.1
PING 127.0.0.1 (127.0.0.1): 56 data bytes
64 bytes from 127.0.0.1: icmp_seq=0 ttl=64 time=0.047 ms
64 bytes from 127.0.0.1: icmp_seq=1 ttl=64 time=0.058 ms
^C
--- 127.0.0.1 ping statistics ---
2 packets transmitted, 2 packets received, 0.0% packet loss
round-trip min/avg/max/stddev = 0.047/0.053/0.058/0.005 ms
Kenichiro:~ kenichirotanaka$ ping localhost
PING localhost (127.0.0.1): 56 data bytes
64 bytes from 127.0.0.1: icmp_seq=0 ttl=64 time=0.038 ms
64 bytes from 127.0.0.1: icmp_seq=1 ttl=64 time=0.052 ms
^C
--- localhost ping statistics ---
2 packets transmitted, 2 packets received, 0.0% packet loss
round-trip min/avg/max/stddev = 0.038/0.045/0.052/0.007 ms
Kenichiro:~ kenichirotanaka$ ▊
```

インターネットと接続しているか調べるために8.8.8.8というアドレスへpingコマンドを実行し、応答が得られるかどうか調べてみてください。8.8.8.8を指定する理由は、Googleが運用するDNSサーバなのでかなりの信頼性で稼働しているためです。8.8.8.8と通信できればインターネット回線とつながっていると確認できます。

・ifconfig

ネットワークインターフェースに関する情報を表示します。-aを指定するとすべての情報を表示することができます。ネットワークに関する情報を取得するときには、最初に実行すべきコマンドです。IPアドレス、ネットマスク、デフォルトゲートウェイなどの情報を確認することができます。

```
● ● ●                 🏠 kenichirotanaka — -bash — 80×25
Kenichiro:~ kenichirotanaka$ ifconfig -a
lo0: flags=8049<UP,LOOPBACK,RUNNING,MULTICAST> mtu 16384
        options=1203<RXCSUM,TXCSUM,TXSTATUS,SW_TIMESTAMP>
        inet 127.0.0.1 netmask 0xff000000
        inet6 ::1 prefixlen 128
        inet6 fe80::1%lo0 prefixlen 64 scopeid 0x1
        nd6 options=201<PERFORMNUD,DAD>
gif0: flags=8010<POINTOPOINT,MULTICAST> mtu 1280
stf0: flags=0<> mtu 1280
en0: flags=8863<UP,BROADCAST,SMART,RUNNING,SIMPLEX,MULTICAST> mtu 1500
        ether ac:bc:32:cc:0f:63
        inet6 fe80::c54:836c:3594:a6d4%en0 prefixlen 64 secured scopeid 0x4
        inet 192.168.1.106 netmask 0xffffff00 broadcast 192.168.1.255
        inet6 240d:1a:4a:f700:aebc:32ff:fecc:f63 prefixlen 128 dynamic
        nd6 options=201<PERFORMNUD,DAD>
        media: autoselect
        status: active
en1: flags=963<UP,BROADCAST,SMART,RUNNING,PROMISC,SIMPLEX> mtu 1500
        options=60<TSO4,TSO6>
        ether 4a:00:04:50:a1:f0
        media: autoselect <full-duplex>
        status: inactive
en2: flags=963<UP,BROADCAST,SMART,RUNNING,PROMISC,SIMPLEX> mtu 1500
        options=60<TSO4,TSO6>
        ether 4a:00:04:50:a1:f1
```

・nslookup

DNSサーバに問い合わせをおこないます。FQDNからIPアドレスを取得、もしくはその逆を実行します。8.8.8.8というIPアドレスを調べるとgoogle-public-dns-a.google.comというFQDNが得られます。

```
● ● ●                 🏠 kenichirotanaka — -bash — 80×21
Kenichiro:~ kenichirotanaka$ nslookup 8.8.8.8
Server:         192.168.1.1
Address:        192.168.1.1#53

Non-authoritative answer:
8.8.8.8.in-addr.arpa    name = google-public-dns-a.google.com.

Authoritative answers can be found from:
8.8.8.in-addr.arpa      nameserver = ns2.google.com.
8.8.8.in-addr.arpa      nameserver = ns4.google.com.
8.8.8.in-addr.arpa      nameserver = ns1.google.com.
8.8.8.in-addr.arpa      nameserver = ns3.google.com.
ns4.google.com  internet address = 216.239.38.10
ns4.google.com  has AAAA address 2001:4860:4802:38::a
ns3.google.com  internet address = 216.239.36.10
ns3.google.com  has AAAA address 2001:4860:4802:36::a
ns2.google.com  internet address = 216.239.34.10
ns2.google.com  has AAAA address 2001:4860:4802:34::a
ns1.google.com  internet address = 216.239.32.10
ns1.google.com  has AAAA address 2001:4860:4802:32::a
```

・traceroute

目的のホストまでの経路を表示します。

```
● ● ●                    ⬆ kenichirotanaka — traceroute www.yahoo.co.jp — 80×21
Kenichiro:~ kenichirotanaka$ traceroute www.yahoo.co.jp
traceroute to edge12.g.yimg.jp (182.22.28.252), 64 hops max, 52 byte packets
 1  192.168.1.1 (192.168.1.1)  4.843 ms  1.656 ms  1.928 ms
 2  fp76f11401.knge107.ap.nuro.jp (118.241.20.1)  4.827 ms  5.122 ms  4.989 ms
 3  182.171.92.154 (182.171.92.154)  6.200 ms  4.955 ms  4.731 ms
 4  39.110.252.169 (39.110.252.169)  7.918 ms
    39.110.252.173 (39.110.252.173)  8.861 ms  5.657 ms
 5  202.213.193.67 (202.213.193.67)  6.429 ms
    202.213.193.35 (202.213.193.35)  5.707 ms
    202.213.193.67 (202.213.193.67)  6.231 ms
 6  202.213.198.62 (202.213.198.62)  5.980 ms  5.458 ms  6.231 ms
 7  * *█
```

・netstat

　現在の接続状況の一覧を表示します。引数なしで実行すると外部のアドレスをFQDNに、ポート番号をプロトコルに変換して表示します。数値のまま表示するには-nオプションを使用します。

```
● ● ●                         ⬆ kenichirotanaka — -bash — 110×15
Kenichiro:~ kenichirotanaka$ netstat -n
Active Internet connections
Proto Recv-Q Send-Q  Local Address          Foreign Address        (state)
tcp4    1460      0  192.168.1.106.50296    13.107.42.12.443       ESTABLISHED
tcp4       0      0  192.168.1.106.50295    13.107.42.12.443       ESTABLISHED
tcp4       0      0  192.168.1.106.50294    13.107.42.12.443       ESTABLISHED
tcp4       0      0  192.168.1.106.50293    13.107.42.12.443       ESTABLISHED
tcp4       0   1534  192.168.1.106.50292    13.107.42.12.443       ESTABLISHED
tcp4       0      0  192.168.1.106.50291    13.107.42.12.443       ESTABLISHED
tcp4       0      0  192.168.1.106.50290    13.107.42.12.443       ESTABLISHED
tcp4       0      0  192.168.1.106.50289    13.107.42.12.443       ESTABLISHED
tcp4       0      0  192.168.1.106.50288    13.107.42.12.443       ESTABLISHED
tcp4       0      0  192.168.1.106.50287    13.107.42.12.443       ESTABLISHED
tcp4       0      0  192.168.1.106.50286    40.84.27.23.443        ESTABLISHED
```

・route

　routeコマンドを使用すると宛先に送るためのインターフェースやデフォルトゲートウェイを調べることができます。

```
● ● ●                         ⬆ kenichirotanaka — -bash — 110×10
Kenichiro:~ kenichirotanaka$ route get www.yahoo.co.jp
   route to: 183.79.217.124
destination: default
       mask: default
    gateway: 192.168.1.1
  interface: en0
      flags: <UP,GATEWAY,DONE,STATIC,PRCLONING>
 recvpipe  sendpipe  ssthresh  rtt,msec   rttvar   hopcount      mtu     expire
        0         0         0         0        0         0      1500        0
Kenichiro:~ kenichirotanaka$ █
```

上記はgetコマンドを使用してwww.yahoo.co.jpへ送信するには、どのインターフェースから、どのゲートウェイに転送すればよいかを表示しています。routeコマンドには経路の追加や削除などさ

第1章　インターネットプロトコルの基礎　39

まざまなコマンドがサポートされています。

1.8 レッスン

●課題1

現在使っている端末のIPアドレスを調べてください。ネットワークアドレス、ホスト部分にどのような値が割り当てられているか確認してください。

●課題2

www.yahoo.co.jpまでどのような経路で接続されているか確認してください。

●課題3

www.yahoo.co.jpのIPアドレスが何か調べてください。

●課題4

社内や自宅からインターネットに接続している人は、プライベートアドレスが割り当てられているはずです。インターネットにインターネット側からみたIPアドレスを調べてください。

https://www.cman.jp/network/support/go_access.cgi

2

第2章　HTTPの基礎

◉

プロトコルというのは「約束事、手順、とりきめ」といった意味です。主なプロトコルには、メールを送信するSMTP（Simple Mail Transfer Protocol）、メールを受信するPOP（Post Office Protocol）、ファイルを転送するFTP（File Transfer Protocol）などがあります。その中でも重要なのがHTTP（Hyper Text Transfer Protocol）です。本章ではWebサービスの基礎となるHTTPの内容について説明します。

2.1 サーバとクライアント

HTTPはサーバとクライアントを仲介するプロトコルです。皆さんが使っているWebブラウザがクライアントで、ホームページやサービスを提供している実体がサーバです。その仕組みを詳しく見ていきましょう。

　サーバ・クライアントと聞くと難しそうに聞こえますが、単にサービスを提供する人と、サービスを享受する人の関係を表しているに過ぎません。

・美容院で髪をカットしてもらう
・レストランで注文する

　これらの行為も立派なサーバ・クライアントの関係です。ブラウザとWebサーバの関係もサーバ・クライアントです。お願いする側（ページをください）であるブラウザがクライアント、それに応えるWebサーバがサーバです。

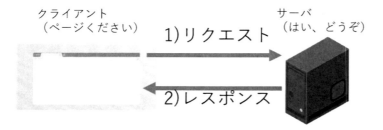

　このとき、クライアントからサーバにお願いする内容をリクエスト、サーバからの返答をレスポンスと呼びます。

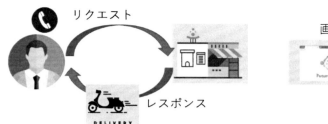

　例えばピザ屋さんに注文するときの電話がリクエスト、ピザ屋さんから届いた商品がレスポンスです。もちろん、ブラウザは画像を要求するときに電話をしませんし、レスポンスの商品を配達員が届けることもありません。これらのやり取りはメッセージを介して行われます。このメッセージをやり取りする際の取り決めこそがHTTPに他なりません。実際にブラウザとサーバがどのようなメッセージをやり取りしているのか（＝HTTPがどのようなものか）見ていきましょう。

2.2　リクエストとレスポンス

サーバとクライアントがやり取りする内容がリクエストとレスポンスです。これらが正しいフォーマットに沿っていないと送り手と受け手が混乱してしまいます。

　封筒を郵送するとき、郵便番号や宛先・宛名は表面と裏面の決まった場所に記述します。データを送付先に届けるにはIPアドレスとポート番号が重要だという話をしました。

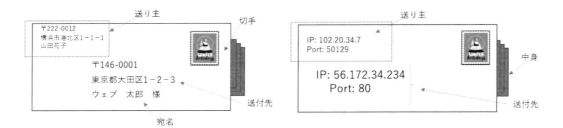

　あて先にちゃんと届けばそれで仕事が終わりかというとそうではありません。封筒の中身がどのように書かれているかも大切なポイントです。例えば見積書の場合を考えます。

　見積書の場合、最初に"見積書"と見出しがあり、あて先があって、最下段に内訳があるのが普通です。この場所が無秩序だと受け取り側が混乱してしまいます。送り手と受け手が同意したフォーマットに準拠した文書にすることが大切です。
　HTTPも同じです。
　・Webサーバに対して対してどのようなお願いをするのか
　・どのような付属情報を送るのか

など、決まったフォーマットに沿ってリクエストを送る必要があります。またサーバから返ってくるレスポンスも規定のフォーマットに従います。これらの同意がなされて、リクエストとレスポンスの意図を正しく相手に伝えることができるようになります。

2.2.1　リクエスト

　HTTPのリクエストとレスポンスは複数行からなるテキスト文字列にすぎません。いずれもシンプルなフォーマットです。まずリクエストから見ていきましょう。

リクエストフォーマット

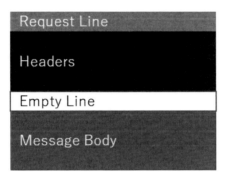

　最初にRequest Lineという行がきて、Headersが続きます。そのあと、Empty Lineという空行（何も情報がない行）があって、最後にMessage Bodyが続きます。たったこれだけです。例を見てみましょう。

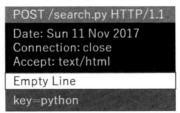

例1）index.htmlというファイルを要求
例2）search.pyというパスにkey=pythonという情報を送信

　Request Lineは文書における見出しのようなものです。見出しをみれば、一目でなにをしたい文書（リクエスト）なのかがわかります。HeadersやMessage Bodyは付属情報や中身のようなイメージです。

リクエストライン

　一番大切なのが先頭の行（Request Line）です。以下のようにメソッド、リクエストURI、バージョンから構成されます（「URI」については「2.6 URL」を参照）。

```
GET  /index.html  HTTP/1.1
```
　メソッド　リクエストURI　バージョン

　メソッドはWebサーバに対する命令です。
　　・GET ＝ ファイルなどを取得
　　・POST＝ データやファイルを送信
といった命令がよくつかわれます。その他にも、ヘッダ情報のみを取得するHEAD、ファイルやデータを削除するDELETE、データを更新するPUTなどの命令が用意されています。
　リクエストURIは、メソッドの対象となるファイルなどを指定します。例えば、
　　・GET /index.html ＝ index.htmlというファイルを取得
　　・GET /images/logo.png ＝ imagesフォルダにあるlogo.pngを取得
　　・POST /account/login ＝ accountフォルダのloginへデータを送信
のような意味になります。ブラウザがサーバにリクエストする内容はファイルには限らないため、"リソース"（資源、資産などの意味）という用語も用いられます。
　バージョンはHTTP/1.1と記述します。

リクエストヘッダ

　クライアントに関する各種情報や、サーバへの要望を伝えるために使用します。1行に1つの形式で格納します。

フィールド名 ： フィールド値

フィールドには多くの種類があります。よく使用されるフィールドを以下に列挙します。

・Accept
クライアント（ブラウザ）が扱えるメディアタイプを指定します。サーバはこのフィールド値を参考にして、ブラウザに送り返すファイルの種類を選択できます。

例）`Accept: image/png, image/svg+xml, image/jxr, image/*; q=0.8, */*; q=0.5`

・Content-Type
クライアント（ブラウザ）が送信するデータの種類を指定します。サーバはこの値を参考にして、どのようなフォーマットのデータが送られてきたか判断することができます。

例）`Content-Type: application/json`

・Host
クライアント（ブラウザ）がアクセスするサーバを指定します。例えば、ブラウザのアドレス入力欄に"http://www.w3.org/pub/WWW/"と入力した場合、リクエストラインは`GET /pub/WWW/ HTTP/1.1`に、Hostヘッダは`Host: www.w3.org`となります。

例）`Host: c.msn.com`

・User-Agent
ブラウザの種類を示す文字列を指定します。

例）`User-Agent: Mozilla/5.0 (Windows NT 10.0; WOW64; Trident/7.0) like Gecko`

メッセージボディ

GETは、主にファイルを取得するために使われます。ブラウザからサーバへ送る情報がない場合、メッセージボディは空になります。一方、POSTは、サーバへ情報やファイルを送るために使用されます。このときメッセージボディにファイルや情報が格納されます。POSTやGETを使った時にメッセージボディがどのように使われるか、後ほど具体例を見ながら説明します

2.2.2　レスポンス

サーバからの戻り値であるレスポンスは以下のようなフォーマットで送られます。

レスポンスフォーマット

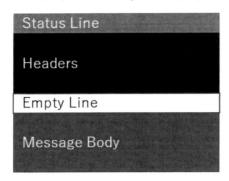

最初にStatus Line行がきて、Headersが続きます。そのあと、Empty Lineという空行（何も情報がない行）があって、最後にMessage Bodyが続きます。リクエストとほぼ同じフォーマットです。具体例を以下に2つ示します。

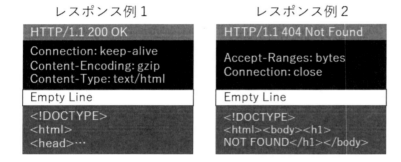

例1）text/html形式のファイルをMessage Bodyに格納して返送する例
例2）クライアントから指定されたファイルが見つからなかった例

ステータスライン

レスポンスもリクエストと同様に最初の1行目のステータスライン（Status Line）がとても重要です。ステータスラインも以下のように3つの要素から構成されます。

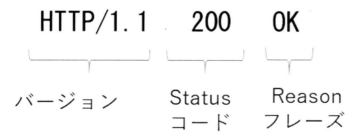

バージョンは文字通りサーバのバージョンです。HTTP/1.1が使われることが一般的です。Status
コードはサーバからのレスポンスを3桁の数字で表したものです。ReasonフレーズはStatusコード
を人間にもわかりやすい文字で表現したものです。

StatusCode	内容	主な具体例
100番台	インフォメーション	
200番台	正常に処理できた	200　正常終了
300番台	リソースが移転した	301　ページが移転した 302　ページが一時的に移転した
400番台	リクエストが原因によるエラー	401　認証されてない 404　ページが見つからない
500番台	サーバ側が原因によるエラー	500　サーバでの予期せぬエラー 503　一時的な処理不能状態

レスポンスヘッダ

　サーバからの付加情報を1行に1つの形式で格納します。主なレスポンスヘッダに以下のようなも
のがあります。

・Content-Type
メッセージボディに含まれているファイルの種類を指定します。

例）content-type: image/gif

・Content-Length
メッセージボディの長さをバイト単位で指定します。

例）content-length: 347

・Expires
メッセージボディの内容が新鮮でなくなる時刻を示します。過去の時刻を指定することで常に新し
いものをロードするようにブラウザに目安を示すことができます。

例）Expires: Mon, 01 Jan 1990 00:00:00 GMT

メッセージボディ

　ファイルの実体が格納される場所です。HTML文書、PNGやJPEGなどの画像、JSON形式のレ
スポンスなどクライアントがリクエストした内容が格納されます。

2.3 リクエストとレスポンスを見る

HTTPのリクエストとレスポンスの概要がわかったところで、実際にやり取りされる内容を実際に見てみましょう。生の情報に接することで理解を深めることができるはずです。

2.3.1 デベロッパーツールで見る

最近のブラウザにはいろいろとデバッグに役立つ機能が追加されています。開発者ツールを使って、HTTPのリクエストとレスポンスを見てみましょう。Chromeを起動して、Ctrl + Shift + I キーを押すか（macOSではcommand + option + I キー）、以下のようにメニューをたどってデベロッパーツールを表示してください。

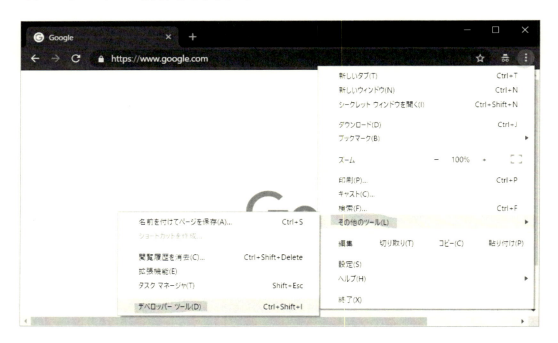

ネットワークタブを選び、ページの再読み込みを行ってください。ページにもよりますが大量のファイルがブラウザによってロードされていることがわかります。

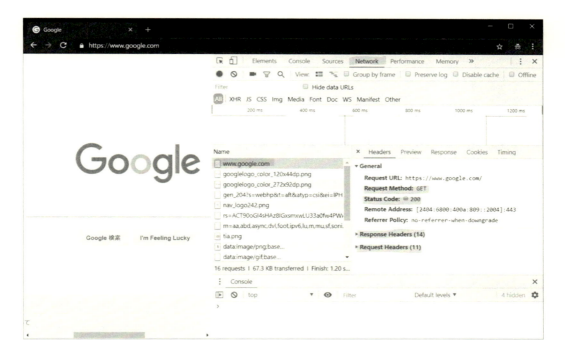

　Nameウインドウにある個々のファイルをクリックしてください。リクエストのURLやStatus Codeなどの概要がGeneralウインドウに表示されます。また、リクエストヘッダ、レスポンスヘッダなども確認できます。Previewタブを選ぶとサーバから送られたリソースの内容を確認できます。Responseタブを選ぶとレスポンスのメッセージボディを直接見ることも可能です。いろいろなサイトを見て、リソースがやり取りされている様子、またその際のリクエストヘッダやレスポンスヘッダなどを確認してください。きっとHTTPが身近に感じられるはずです。

2.3.2　簡易Webサーバで見る

　ここまでリモートのWebサーバからページを取得していました。

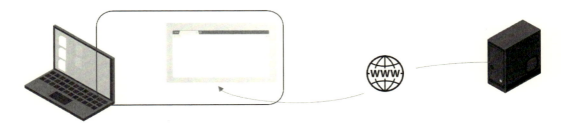

　今度は自分の端末（ローカル）でWebサーバを稼働させてみます。Pythonのhttpモジュールを使って自分でWebサーバを動かしてみましょう。

適当なフォルダを作り（今回はc:\tmp\wwwrootとしました）、そのフォルダにカレントディレクトリを移動し、python -m http.serverと入力してWebサーバを起動します。

● Windowsの場合

● macOSの場合

pythonコマンドの-mオプションを使ってhttp.serverモジュールを起動しています。これで簡易Webサーバが起動します。ブラウザを起動して、http://localhost:8000/と入力します。以下のように表示されます。http.serverはデフォルトでカレントディレクトリのファイル一覧を返します。

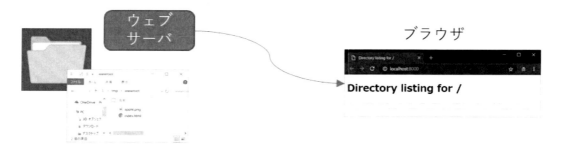

現時点ではフォルダに何もファイルがないので以下のように表示されます。

　c:\tmp\wwwrootに以下の内容をindex.htmlとして保存します。また、同じファイルにapple.pngという名前でリンゴの画像を保存します。

●index.html
```html
<!DOCTYPE html>
<html lang="ja">
<head>
    <meta charset="UTF-8">
    <title>Document</title>
</head>
<body>
    <h1>Hello HTTP</h1>
    <img src="apple.png">
</body>
</html>
```

　ブラウザをリロードすると以下のように表示されます。

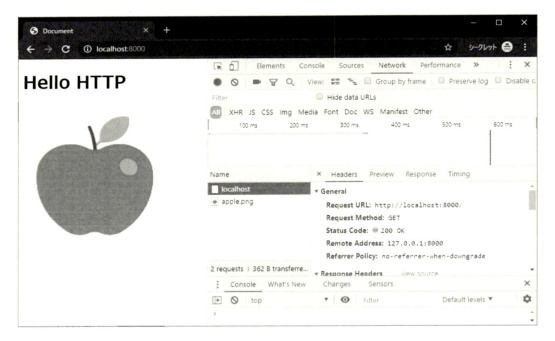

　ブラウザのアドレスを見ると localhost:8000 と表示されていることに注目してください。ブラウザはどの文書が欲しいのか明示的に指定はしていません。アドレスを http://localhost:8000/index.html と入力しても同じ結果となります。このようにパス部分を省略したときに返される文書をデフォルトドキュメントと呼びます。慣習的に index.html というファイルをデフォルトで返すサーバが多いようです。

　ちなみに、デベロッパーツールの上部に "All、XHR、JS、CSS、Img、Media、…" とボタンが並んでいます。これは調べるトラフィックをフィルタリングするためのボタンです。これらボタンの状態で、表示されるトラフィックが異なるので注意してください。

　デベロッパーツールの Name ウインドウを見ると localhost → apple.png の順番でファイルがロードされていることがわかります。また、http.server を起動しているコンソールを見ると以下のようにブラウザからアクセスがあり、"/" → "/apple.png" の順でリクエストがあったことが確認できます。

```
Serving HTTP on 0.0.0.0 port 8000 (http://0.0.0.0:8000/) ...
127.0.0.1 - - [28/Feb/2019 15:18:16] "GET / HTTP/1.1" 200 -
127.0.0.1 - - [28/Feb/2019 15:18:16] "GET /apple.png HTTP/1.1" 200 -
127.0.0.1 - - [28/Feb/2019 15:18:16] code 404, message File not found
127.0.0.1 - - [28/Feb/2019 15:18:16] "GET /favicon.ico HTTP/1.1" 404 -
```

　環境によっては favicon.ico という名前のファイルがない旨のエラーが表示されることがあります。favicon.ico はブラウザのお気に入り登録時やタブに表示されるアイコン画像です。今回は用

意していないので404（File Not Found）エラーが表示されています。

　出力にある127.0.0.1は自分自身のローカルアドレスから接続があったことを示します。日付の後にリクエストラインとステータスコードが表示されています。「コマンドプロンプト」への出力から、以下のようなアクセスがあったことがわかります。

```
・GET / HTTP/1.1
・GET /apple.png HTTP/1.1
```

　ブラウザとサーバの挙動を時系列で見てみましょう。

1）ブラウザのアドレスにhttp://localhost:8000と入力されると、ブラウザはlocalhostの8000番ポートに接続します。
2）ブラウザはGETでデフォルトドキュメント"/"取得リクエストを送ります。
3）Webサーバはリクエストにこたえるため、index.htmlをメッセージボディに含めてクライアントに送り返します。
4）ブラウザは受信したindex.htmlを解釈し、その中に<img src="apple.png">という記述があることに気づきます。
5）ブラウザはGETを使用して"/apple.png"取得リクエストを送ります。
6）Webサーバはリクエストにこたえるため、apple.pngをメッセージボディに含めてクライアントに送り返します。
7）ブラウザはページを描画します。

　この一連の流れを図にすると以下のようになります。

第2章　HTTPの基礎　57

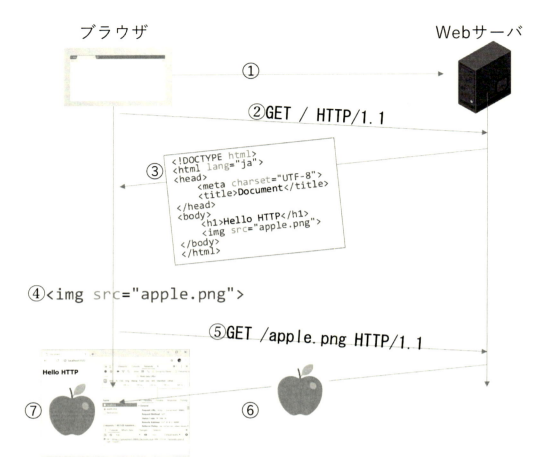

　ブラウザでhttp://localhost:8000もしくはhttp://localhost:8000/と入力した場合は、リクエストURIは"/"となります。pythonのhttpサーバはリクエストURIが"/"のときは、デフォルトドキュメントとしてindex.htmlを返します。http://localhost:8000/index.htmlと明示的にファイル名を入力しても同じ挙動となります。また、http://localhost:8000/apple.pngと入力するとリンゴの画像だけが取得できます。

2.4　GETとPOSTの詳細

インターネットで検索する場合、ブラウザはキーワードをサーバに送ります。サーバはそのキーワードを使って情報を検索し、その結果をHTMLページとしてブラウザに返信します。このように、ブラウザはWebサーバからファイルを取得するだけでなく、各種情報を送信することも可能です。どのように情報がやり取りされているか見ていきましょう。

　ここまで、
　　・HTTPがリクエストとレスポンスから構成されること
　　・リクエストはリクエストラインとヘッダ、ボディからなること
　　・レスポンスはステータスラインとヘッダ、ボディからなること
　　・ブラウザのデベロッパーツールでリクエストとレスポンスを確認できること
などについて説明しました。
ここまでの説明ではリクエストのメソッドにGETを使ってきましたが、GET以外のメソッドも使用できます。GETは主にファイルなどのリソースの取得に、POSTは主にデータやファイルの送信に使われますが、短いデータであればGETでもデータを送信できます。
　データを送信する場合、GET、POSTそれぞれ以下の場所を使います。
　　・GET ＝ リクエストURIの一部
　　・POST ＝ メッセージボディ

GETでデータを送信する場合　　　　　　　POSTでデータを送信する場合

　　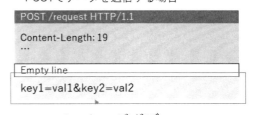

　　　リクエストURIの一部　　　　　　　　　　　メッセージボディ

　GETの場合は、リクエストURIの一部にデータが格納されます。送るべき情報はこれだけなのでメッセージボディはありません。一方、POSTでは、メッセージボディにデータが格納されます。この挙動を詳しく見ていきましょう。

2.4.1　Pythonで簡易Webサーバを作り、headerとbodyを見る

　Pythonに標準で含まれるhttpサーバモジュールを使うと、簡単なWebサーバを動かすことができました。しかし、ログとして出力されるのは一部の情報だけなので、ヘッダやボディにどんな情報が含まれているかまでは見ることができません。そこで、ヘッダとボディを出力する簡易Webサーバを自作してみましょう。

　HTTPを理解するには実際にGETやPOSTでどのような情報が送られているのか自分の目で見て確かめるのが一番です。以下がテスト用の簡易Webサーバです。SimpleWebServerというフォルダを作成し、その下にSimpleWebServer.pyというファイル名で保存しました。

```python
from http.server import HTTPServer, BaseHTTPRequestHandler
import socketserver

class Handler(BaseHTTPRequestHandler):

    def do_common(self):
        self.send_response(200)
        self.end_headers()
        print('---begin---')
        print(self.headers, end='')
        print("======")
        if 'content-length' in self.headers:
            content_len = int(self.headers['content-length'], 0)
            post_body = self.rfile.read(content_len)
            print(post_body)
        print('--- end ---\n')
        buf = '{0} path="{1}" from {2} at {3}'.format(
            self.command,
            self.path,
            self.client_address,
            self.log_date_time_string())
        self.wfile.write(buf.encode())

    def do_GET(self):
        self.do_common()

    def do_POST(self):
        self.do_common()

with socketserver.TCPServer(("", 8888), Handler) as httpd:
    httpd.serve_forever()
```

60　　第2章　HTTPの基礎

難しそうに感じられるかもしれません。細かいところまで理解する必要はありません。概要だけ把握すれば十分です。これはWebサーバのプログラムで、ポート番号8888でクライアントからの接続を待ち受けます。最後尾から見ていきましょう。

```
with socketserver.TCPServer(("", 8888), Handler) as httpd:
    httpd.serve_forever()
```

socketserverモジュールのTCPServerオブジェクトを作成しています。最初の引数("", 8888)はサーバのアドレスとポート番号です。アドレスが空欄のときは自分自身と解釈されるので、ローカルホストの8888番で待機するTCPのサーバを作成することになります。作成したオブジェクトは変数httpdに格納されます。このserve_foreverメソッドを呼び出すことでWebサーバが動き始めます。

このTCPServerオブジェクトは使用した後にserver_close()を実行する必要があるのですが、その処理を忘れないようにwith構文を使用しています。終了処理が必要なオブジェクトを使用する際は、with構文を使用するとブロックを抜ける時に終了処理が呼び出されます。

TCPServerの2番目の引数にはクライアントからのリクエストを処理するオブジェクトを指定します。HTTPを処理するのは典型的な処理なので、BaseHTTPRequestHandlerというクラスが用意されています。今回は、HTTPリクエストのヘッダとボディを見るようにカスタマイズしたいので、BaseHTTPRequestHandlerクラスを継承したHandlerクラスを作成しました。

Pythonでクラスを定義する場合は

```
class クラス名:
    #クラスの定義
```

のように記述します。

クラスを継承する場合は

```
class クラス名(親クラス):
    #クラスの定義
```

のように継承元となる親クラスを()の中に記述します。今回はBaseHTTPRequestHandlerを継承するHandlerクラスを定義するので以下のようにクラスを定義しています。

```
class Handler(BaseHTTPRequestHandler):
```

今回はGETとPOSTでどのようなメッセージが送られているか見たいので、do_GETとdo_POSTメソッドを定義しています。いずれも、ヘッダとボディを出力するだけなので、自分で定義したdo_commonメソッドを単に呼び出しています。

第2章 HTTPの基礎 | 61

```python
    def do_GET(self):
        self.do_common()

    def do_POST(self):
        self.do_common()
```

do_commonメソッドでヘッダとボディを出力しています。最初の`send_response(200)`はHTTP
のステータスコード200をクライアント側に返しています。実際には

```
HTTP/1.1 200 OK
```

というステータスラインがクライアントに返されます。

　この後にヘッダ部分が続きますが、今回の簡易WebサーバはHTTPヘッダを何も返しません。
`end_headers()`を実行して空行を出力しています。`print('---begin---')`以降はクライアントか
らのリクエストの内容をコンソールに出力する処理です。`print(self.headers, end='')`でクラ
イアントからのヘッダを出力します。改行を自動的に挿入したくなかったので、`end=''`を指定し
ました。`"======"`の後ろがボディ部分です。HTTPヘッダに`content-length`が含まれていた時の
み出力するようにしています。最後に、クライアントに送り返す文字列を変数`buf`に作成して、
`self.wfile.write(buf.encode())`でクライアントに送り返しています。プログラムが入力できた
ら、実行してサーバを待機させます。

　簡易Webサーバにデータを送信するWebページは以下の通りです。

```html
<!DOCTYPE html>
<html lang="ja">
<head>
    <meta charset="UTF-8">
    <title>Form Test</title>
</head>
<body>
    <form action="http://localhost:8888/FormTest" method="GET">
        <label>NAME:</label><input name="name1"/>
        <input type="submit" value="GET SUBMIT">
```

```
        </form>
        <form action="http://localhost:8888/FormTest" method="POST">
            <label>NAME:</label><input name="name2"/>
            <input type="submit" value="POST SUBMIT">
        </form>
    </body>
</html>
```

2つのform要素が含まれています。method属性がGET、POSTと異なっていることに注意してください。action属性はともに"http://localhost:8888/FormTest"とし、localhostのポート番号8888を指定します。GETではinput要素のname属性の値をname1に、POSTではinput要素のname属性の値をname2としています。

HTMLページをブラウザで表示してみましょう。ブラウザを立ち上げてHTMLファイルをブラウザにドラッグ＆ドロップする、もしくはHTMLファイルをダブルクリックします。以下のような画面が表示されます。入力する文字は任意ですが、ここでは最初の入力フィールドにhelloを、次の入力フィールドにworldと入力しました。

2.4.2　GETによる挙動を確認する

簡易Webサーバを稼働した状態で"GET SUBMIT"を押下します。コンソールには以下のように出力されます（出力内容はブラウザによって変わります）。

```
c:\tmp\wwwroot\SimpleWebServer>python SimpleWebServer.py
127.0.0.1 - - [28/Feb/2019 16:58:51] "GET /FormTest?name1=hello HTTP/1.1" 200 -
---begin---
Host: localhost:8888
Connection: keep-alive
Upgrade-Insecure-Requests: 1
User-Agent: Mozilla/5.0 (Windows NT 10.0; Win64; x64) AppleWebKit/537.36 (KHTML, like Gecko) Chrome/72.0.3626.119 Safari/537.36
Accept: text/html,application/xhtml+xml,application/xml;q=0.9,image/webp,image/apng,*/*;q=0.8
Accept-Encoding: gzip, deflate, br
```

```
Accept-Language: ja,en-US;q=0.9,en;q=0.8

======
--- end ---
```

最初の1行は`BaseHTTPRequestHandler`が出力したログ情報です。GETコマンドで、/FormTestというパスが指定されており、クエリパラメータ`name1=hello`が渡されていることがわかります。`---begin---`の次の行からがHTTPヘッダです。Host、Connection、User-Agentなどのフィールドが返されていることがわかります。その後ろに空行があり、"`======`"と出力されていますが、これがヘッダとボディの区切りとなります。その直後に`--- end ---`と続いているのでボディは空であったことがわかります。

ブラウザの画面は以下のようになっているはずです。

`SimpleWebServer.py`はメソッド、パスなどの情報を返していますが、その内容が表示されています。ブラウザのアドレス入力欄にも注目してください。`localhost:8888/FormTest?name1=hello`と表示されています。

このようにGETプロトコルを使用した場合、
・フォームに入力した内容がリクエストURIの一部として送られている
・HTTPボディは空
・サーバが返した内容が次のページとして表示される
ということがわかります。

2.4.3　POSTによる挙動を確認する

では、次にブラウザの戻るボタンを押して前のページに戻り、POST SUBMITボタンを押してください。

```
c:\tmp\wwwroot\SimpleWebServer>python SimpleWebServer.py
127.0.0.1 - - [28/Feb/2019 17:20:44] "POST /FormTest HTTP/1.1" 200 -
---begin---
Host: localhost:8888
Connection: keep-alive
Content-Length: 11
Cache-Control: max-age=0
```

```
Upgrade-Insecure-Requests: 1
Origin: null
Content-Type: application/x-www-form-urlencoded
User-Agent: Mozilla/5.0 (Windows NT 10.0; Win64; x64) AppleWebKit/537.36 (KHTML,
like Gecko) Chrome/72.0.3626.119 Safari/537.36
Accept: text/html,application/xhtml+xml,application/xml;q=0.9,image/webp,
image/apng,*/*;q=0.8
Accept-Encoding: gzip, deflate, br
Accept-Language: ja,en-US;q=0.9,en;q=0.8


======
b'name2=world'
--- end ---
```

　GETとちがい、リクエストラインにフォームに入力した内容が表示されていません。その代わりに======の後ろ、すなわちメッセージボディにフォームで入力した内容が含まれていることがわかります。

　ブラウザの状態を見ても、pathの中にクエリパラメータが含まれていないこと、アドレス入力欄にクエリパラメータがないことが確認できます。

　このようにGETとPOSTはクライアントからサーバへ情報を送信する方法に大きな違いがあることがわかります。

　ちなみに、ブラウザからSimpleWebServerにアクセスすると、以下のような出力があることがわかります。

```
127.0.0.1 - - [28/Oct/2018 21:29:11] "GET /favicon.ico HTTP/1.1" 200 -
```

　ブラウザがfavicon.icoというファイルをWebサーバに要求していることがわかります。favicon.icoとはブラウザのタブやブックマーク等に表示されるアイコンです。このファイルは用意していないのでSimpleWebServerからはエラーが返されています。

　また、「Edge」（Windows）からアクセスしたときは以下のような内容が出力されました。

●GET

```
127.0.0.1 - - [28/Feb/2019 17:26:11] "GET /FormTest?name1=hello HTTP/1.1" 200 -
---begin---
Accept: text/html,application/xhtml+xml,application/xml;q=0.9,*/*;q=0.8
Accept-Language: ja-JP
Upgrade-Insecure-Requests: 1
User-Agent: Mozilla/5.0 (Windows NT 10.0; Win64; x64) AppleWebKit/537.36 (KHTML,
like Gecko) Chrome/64.0.3282.140 Safari/537.36 Edge/18.17763
Accept-Encoding: gzip, deflate
Host: localhost:8888
Connection: Keep-Alive

======
--- end ---
```

●POST

```
127.0.0.1 - - [28/Feb/2019 17:26:50] "POST /FormTest HTTP/1.1" 200 -
---begin---
Cache-Control: max-age=0
Accept: text/html,application/xhtml+xml,application/xml;q=0.9,*/*;q=0.8
Accept-Language: ja-JP
Content-Type: application/x-www-form-urlencoded
Upgrade-Insecure-Requests: 1
User-Agent: Mozilla/5.0 (Windows NT 10.0; Win64; x64) AppleWebKit/537.36 (KHTML,
like Gecko) Chrome/64.0.3282.140 Safari/537.36 Edge/18.17763
Accept-Encoding: gzip, deflate
Host: localhost:8888
Content-Length: 11
Connection: Keep-Alive

======
b'name2=world'
--- end ---
```

User-Agentの値を見てみます。

●Chromeの場合

```
User-Agent: Mozilla/5.0 (Windows NT 10.0; Win64; x64) AppleWebKit/537.36 (KHTML,
like Gecko) Chrome/72.0.3626.119 Safari/537.36
```

● Edge の場合

```
User-Agent: Mozilla/5.0 (Windows NT 10.0; Win64; x64) AppleWebKit/537.36 (KHTML,
like Gecko) Chrome/64.0.3282.140 Safari/537.36 Edge/18.17763
```

　ブラウザによって値が異なることが分かります。このように、WebサーバでUser-Agentフィールドの値を見れば、どのようなブラウザがアクセスしてきたかわかります。

2.5 Formによるデータ送信

サーバへデータを送信するときはform要素を使用します。ここではform要素の使い方、動作の仕組みについて説明します。

データをサーバに転送するためにはHTMLファイルのform要素を使用します。form要素には以下の属性を指定します。
- action= データの送信先
- method= データ送信のメソッド（GETかPOSTを指定）

type="submit"のinput要素はボタンとして描画されます。このボタンが押下されると、form要素の中に含まれるinput要素の値が、以下の形式でサーバに転送されます。

name属性の値＝入力された値

input要素が複数ある場合はそれらが「&」で連結されます。例えば、以下のようなform要素があったとします。

```html
<form action="http://localhost:8888/Register" method="GET">
    Name:<input name="name" size="6"/>
    Age: <input name="age" size="3"/>
    <input type="submit" value="送信"/>
</form>
```

ブラウザで表示すると以下のようになります。最初の入力欄にtaro、次の入力欄に3を入力して送信ボタンを押下すると、

name=taro&age=3という情報がサーバに転送されます。
form要素の構造を以下に整理します。

formからの情報を受信したサーバは何らかの処理を行い、結果となるページを生成してブラウザに返します。ブラウザはそのページを描画します。この様子をまとめると以下のようになります。

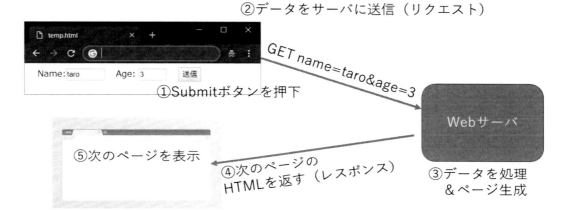

① form内のinput要素に値を入力し、submitボタンを押下
② ブラウザがaction属性に指定されたサーバにデータを送信（HTTPのリクエスト）
③ サーバは受信データを処理して、ページを生成
④ サーバはHTTPのレスポンスとしてHTMLページを返す
⑤ ブラウザは受信したHTMLページを描画する

methodがPOSTに変わると、HTTPリクエストでデータを送信するときにPOSTメソッドが使用されます。それ以外はGETと同じ挙動です。

このようにform要素を使用してデータを送信する場合、Webサーバが次のページを生成してレスポンスとして返します。つまり、form要素でデータを送信すると必ずページが切り替わるという点をしっかりと把握してください。

2.6 URL

今まであまり詳しく説明をせずにURLを使用してきました。HTTPのリクエストラインにも関係してくるのでここで整理しておきましょう。

サーバのアドレスを表現するためにURL、URIといった用語が使われています。

・URL
インターネット上の場所（どのサーバの、どのリソース）を示すもの

・URN
インターネット上の名前を示すもの。書籍に割り当てられるISBN番号（urn:isbn:0451450523）のようなものと思ってください。

・URI
URLとURNの総称です。

これらを厳密に使い分けるケースもありますが、URLとURIはほぼ同じ意味で使用されることが多いようです。本書ではURLという呼称を使用します。

2.6.1 URLのフォーマット

一般的なURLというと以下のようなものをイメージするかもしれません。

https://www.google.com
https://www.yahoo.co.jp

実はURLにはいろいろな情報を含めることができます。厳密には以下のようなフォーマットに従います。

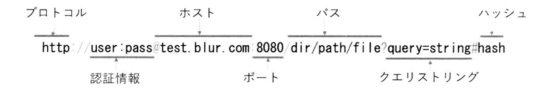

・プロトコル：http、httpsなど

・認証情報：アカウント・パスワードを指定する必要がある場合に指定します
・ホスト：接続先のホスト
・ポート：ポート番号（省略時はhttpなら80、httpsなら443）
・パス：リソースへのパス
・クエリストリング：「名前 = 値」の形式でのパラメータ情報、複数ある場合は「key1=val1&key2=val2&key3=val3」のように「&」で結合します。クエリパラメータと呼ばれることもあります。
・ハッシュ：フラグメントとも呼ばれ、もともとは文書内の場所を示すものです

これらの情報をすべて明記することはまれです。不要な情報は省略することができます。

2.6.2　URLエンコーディング

クエリストリングを使うとURLの一部に何らかのデータを埋め込むことができました。GETによるデータ送信はまさにクエリストリングを活用していたことになります。

ただし、日本語や特殊文字などはそのままURLに埋め込むことができません。そのような文字をURLに変換することをURLエンコード、逆に戻すことをURLデコードと呼びます。各文字を%xx（xxは16進数）に置換するのでパーセントエンコードと呼ばれることもあります。

エンコード・デコードするページを作成してみました。

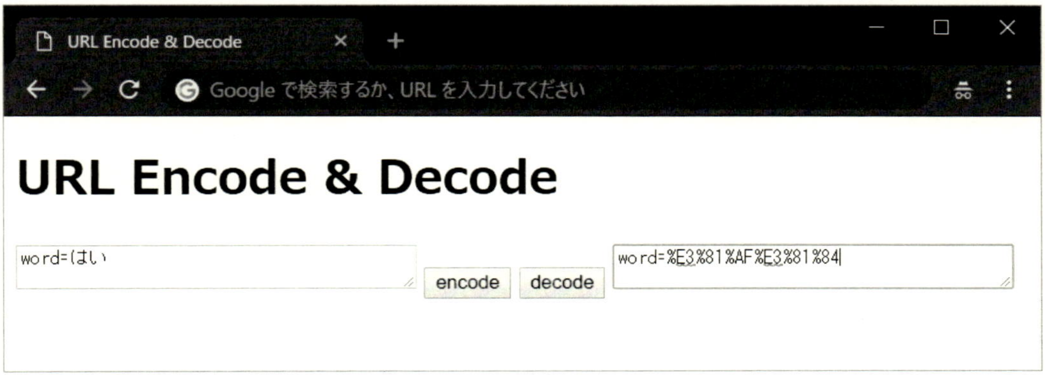


```
<!DOCTYPE html>
<html lang="ja">
<head>
  <meta charset="UTF-8">
  <title>URL Encode & Decode</title>
  <script>
  function doEncode(){
    var s = document.getElementById("decoded").value;
```

```
      document.getElementById("encoded").value = encodeURI(s);
  }
  function doDecode(){
    var s = document.getElementById("encoded").value;
    document.getElementById("decoded").value = decodeURI(s);
  }
  </script>
</head>
<body>
  <h1>URL Encode & Decode</h1>
  <textarea cols="40" id="decoded"></textarea>
  <button onclick="doEncode()">encode</button>
  <button onclick="doDecode()">decode</button>
  <textarea cols="40" id="encoded"></textarea>
</body>
</html>
```

　encodeボタンを押下するとdoEncode関数が実行されます。左側の入力欄の文字がencodeURI関数を使ってエンコードされ右側に表示します。decodeボタンを押下するとdoDecode関数が実行されます。右側の入力欄の文字がdecodeURI関数を使ってデコードされ左側に表示されます。

2.7 レッスン

以下の課題はChromeのデベロッパーツールを使って確認してください。

●課題1
www.google.co.jpに接続して、HTTPのリクエストヘッダ、レスポンスヘッダがどのようになっているか確認してください。

●課題2
www.google.co.jpで取得したページは複数のファイルから構成されます。その中にいくつか画像ファイルがあります。画像を取得するときのHTTPレスポンスヘッダにはContent-TypeというHTTPヘッダフィールドがあります。このフィールドにどのような値が格納されているか確認してください。

●課題3
www.yahoo.co.jpの検索ボタンは以下の要素で実装されています。

```
<input type="submit" id="srchbtn" class="srchbtn" value="検索">
```

HTMLの中にこのような要素があることを確認してください。

●課題4
python -m http.serverを実行してWebサーバを起動します。ブラウザからファイルを取得するときに、1）ファイルがあるとき、2）ファイルがないとき、それぞれ異なったstatus-codeが返されます。それぞれどのような値か確認してください。

●課題5
www.yahoo.co.jpで検索はPOST、GETのどちらで行われているか以下の方法で確認してください
- ・ページ中のform要素から
- ・開発者ツールのNetworkタブから

●課題6
GoogleやYahoo!で検索ボタンを押下すると、サーバに対して検索用のURLを送信します。それぞれどのようなURLか確認してください。また、そのURLをコピーして、別の検索キーワードになるようにURLを編集し、そのURLをブラウザで表示することで、別の検索キーワードが正しく検

索されるか確認してください。

3

第3章　HTMLとCSSの基礎

◉

ホームページは今や生活とは切っても切り離せない存在です。その誕生当初は単なるテキストと画像だけからなるシンプルなものでした。最近はPCだけでなくタブレットやスマホでも見られるようになり、表現力も格段に増しました。本章ではHTMLとCSSの基礎について説明します。

3.1　歴史的背景とCSSの登場

1990年代はじめにHTMLができた頃、CSSはまだ存在しませんでした。各社が仕様を独自に拡張して混乱した時期もありました。本節ではHTMLが現在に至るまでにたどった経緯とHTML/CSSの概要について説明します。

HTML（Hyper Text Markup Language）は
- Hyper Text
- Markup

という2つのキーワードを組み合わせた造語で、ホームページを記述するための言語です。

ハイパーテキスト（Hyper Text）とはリンクを使って複数の文書を関連付けることです。ネットサーフィンをしているとリンクをクリックするだけで、いろいろなページを閲覧できますが、これがハイパーテキストです。

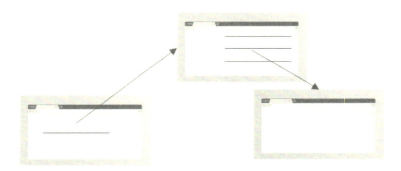

マークアップ（Markup）とは文書に目印をつけることです。普段意識することは少ないかもしれませんが、文書は何らかの構造を持っていることが普通です。例えば、手紙を便箋に書く場合も以下のようなフォーマットに沿うことが礼儀作法としてよいとされています。

　このように便箋の場合、場所に意味を持たせています。場所がずれると意図が変わってしまいます。
　HTMLではタグという仕組み、すなわち、＜タグ名＞という特別な文字を使って範囲を囲むことで意味を与えます。例えば以下のような感じです。
　　・＜見出し＞東京オリンピックボランティア募集要項＜/見出し＞
　　・＜段落＞東京2020オリンピック・パラリンピック競技大会を…＜/段落＞
　このようにタグで囲むことで見出しの内容、段落の内容が簡単にわかるようになります。

　HTMLは英語圏で策定されたので実際にはタグの名前は英単語です。
　　・<p>～</p>　　＝段落
　　・<h1>～</h1>　＝主見出し
　　・<a>～</a>　　＝アンカー（リンク）
　　・<li>～</li>　＝箇条書き
といった具合です。
　以下は1993年当時のホームページの様子です。ほとんどが文字で時々画像が含まれている程度でした。

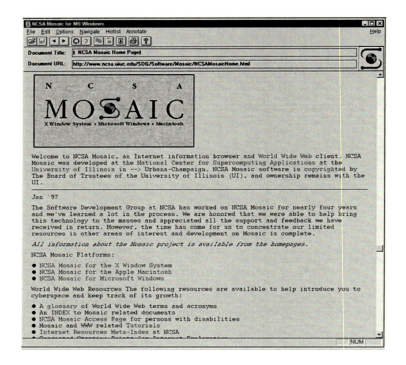

　もともとHTMLは実用本位であり、見た目に関する配慮はあまりなされていませんでした。

　しかしながら、HTMLの爆発的な普及で、多くの人が使うことにより状況が変わってきました。HTML本来の目的であったマークアップやハイパーテキストといった機能よりも、見た目の派手さが求められるようになりました。ブラウザベンダーも競うようにいろいろなタグを導入しました。以下のサンプルは見た目重視のタグを多用した例です。

● legacy.html

```
<html>
  <body>
    <center>
      <h1>見た目のタグ</h1>
    </center>
    <marquee>自動スクロール文字</marquee>
    <font color="green">緑色の文字</font>
    <hr>
    <p>改行にBR要素</p>
    <br/>
    <br/>
    <br/>
    <p>　　  全角空白文字で文字の左右調整</p>
  </body>
</html>
```

※今では、center、marquee、font、blinkといったタグの使用は推奨されていません。

　このように各ベンダーが競って機能を追加したため、HTMLは、
　　・見た目だけのタグが多数導入され本来のマークアップの意味が失われる
　　・ブラウザによって動いたり動かなかったりする
といった問題に直面し、HTML作成者も一般ユーザーも混乱する事態に陥りました。
　このような状況を問題視したW3C（World Wide Web Consortium）は、
　　・構造を規定するHTML
　　・見た目を制御するCSS
というように機能を分担し、整理しました。いろいろな変遷をたどりましたが、今はHTML5、CSS3として落ち着いています。ブラウザによる挙動の違いも以前に比べてだいぶ少なくなりました。

3.2　HTMLの文法

HTMLはホームページを記述するための言語です。タグを使って文書の構造を記述するシンプルな仕様ですが、タグの種類が多いので最初はとまどうかもしれません。使っているうちに自然に覚えてゆくものなので安心してください。

　HTMLとはどんなものか、理解するには実際に見てみるのが一番です。適当なページを開き、ページ上を右クリックして「ページのソースを表示」を選択してください

　ページにもよりますが複雑そうなソースコードが表示されたと思います。最近のホームページは自動生成されることも多く、人間にとって読みやすい形式になっていないことも少なくありません。ここでは"<"や">"といった記号が多いことだけ認識してもらえれば十分です。

複雑そうに見えるHTMLですが基本的なルールはシンプルです。ざっくりと以下のルールを守れば文法的にはほぼ正しいHTMLになります。

・開始タグ～終了タグでマークアップする

例）`<p>段落の内容</p>`、`<h1>見出し</h1>`

・中身を持たないタグ（改行や画像等）は＜タグ /＞とマークアップする

例）`<br />`、`<img />`

要素により中身を持たないことが自明な場合は単に`<タグ>`と書く場合もあります。

・タグに付属情報を持たせるときは属性を使用する

例）`<p id="name">`、`<img src="logo.png">`、`<h1 id="head" class="top">`

属性は「属性名="属性値"」の形式でタグ名の後ろに記述します。複数の属性を指定する場合は空白で区切ります。

・他の要素を含む場合は完全に含む

正　　`<p>この章では <span>HTML/CSS</span> について説明します</p>`

誤　　`<p>この章では <span>HTML/CSS</p>について</span> 説明します`

上段は外側のpタグが内側のspanタグを完全に含んでいるので正しい状態ですが、下段はpタグ

第3章　HTMLとCSSの基礎　　81

の中にspanが完全に含まれていないので正しくありません。どのように描画されるかはブラウザに依存します。

- **一番外側はHTMLタグが1つだけ**

これらのルールを守った状態で、他の要素を含む要素を親、含まれる要素を子として、それらの親子関係を線でつなぐと下左図のようになります。ちょうど木を逆さにしたような形状に見えるので木（ツリー）構造と呼ばれます。一番上の要素は根の部分に相当するのでルートと呼ばれます。

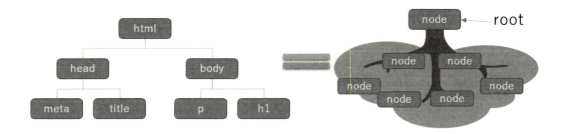

さらに、以下のポイントも押さえておくとよいでしょう。

- 文字コードはUTF-8を使用してmetaタグでその旨を記述
- 画面に見える内容はbody要素の下に、それ以外の情報はhead要素に配置
- head要素にはtitle要素を配置

以降、以下のようなHTMLをひな形としてコンテンツを作成していきます。

●empty.html

```
<!DOCTYPE html>
<html lang="ja">
<head>
  <meta charset="UTF-8">
  <title>Title</title>
</head>
<body>

</body>
</html>
```

`<!DOCTYPE html>`は文書が「どのような定義に準じているか」を表しています。この記述は文書がHTML5という標準を意識して作成されたことを意味します。

`<html lang="ja">`はhtmlの開始タグです。lang属性は文書が日本語で記述されていることを意味しています。

`<head>`から`</head>`までがhead要素です。中にmetaとtitle要素があります。meta要素では

charset属性を使って文書のエンコーディング（どのようなエンコード方法で文書が保存されているか）を指定しています。以前はShift_JISやEUCなどいろいろなエンコード方法が濫立していましたが、最近はほぼUTF-8に収束してきました。

　\<body\>から\</body\>の間に画面に表示するコンテンツを記述していきます。

　ソースコードを見ると非常に複雑でしたが、そのルールは意外とシンプルだったのではないでしょうか？

3.2.1　主なHTML要素

　詳しくはHTML専門の書籍に譲りますが、よく使用するタグを以下に列挙しておきます。

タグ	用途
a	ハイパーリンク記述
ul	箇条書き
ol	番号付き箇条書き
li	リスト項目
div	汎用コンテナ（ブロック要素）
span	汎用コンテナ（インライン要素）
img	画像
form	入力フォーム用コンテナ
input	各種入力
script	JavaScript命令
style	CSS
link	外部CSSファイル参照等
table	テーブル
tr	テーブルの行
td	テーブルのセル

　タグは暗記して覚えるようなものでなく、必要なときに調べているうちに自然と覚えるものなので、現時点では、すべて把握できなくても全く問題ありません。

第3章　HTMLとCSSの基礎　　83

3.3 CSSの文法

HTMLから見た目を分離したときに導入されたのがCSSです。文書の構造（木構造）には影響を与えずに、見た目だけを変えることができます。

3.3.1 カスケーディング

CSS（Cascading Style Sheet）のCascadingとは流れ落ちるという意味で、親に指定したスタイルが子に適用されることが大きな特徴です。

例えば以下のような構造のHTML文書においてdiv要素の文字色を緑色に設定したとします。

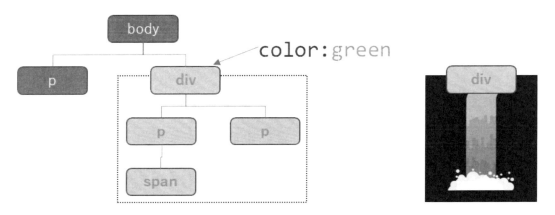

するとその子要素である2つのp要素やその子のspan要素も文字色が緑になります。ちょうど滝が流れ落ちて、下の要素にもスタイルが適用されているようなイメージです。

3.3.2 主なスタイル特性

スタイル特性には、文字のサイズ、色、背景色、行間、ボーダー、余白（外側）、余白（内側）、箇条書きの印、幅、高さ……いろいろなパラメータが存在します。以下に紹介するのはCSS全体のほんの一部です。

	特性名	用途	例
文	color	文字の色	color:red; color:#FF0024;
	font-size	文字サイズ	font-size:24px; font-size:smaller;
	font-family	フォント種類	font-family: "ＭＳ 明朝",serif;
ボックス モデル	border	枠線の色、太さ、スタイル	border:solid 10px #0000ff;
	margin	余白（外側）	margin:20px;
	padding	余白（内側）	padding:5px;
	width	幅	width:100px; width:20%;
	height	高さ	height:50px; height:30%;
背景	background-color	背景色	background-color:#ff0055;
	background-image	背景画像	background-image:url("img/back.png");
文字配置	text-align	テキスト配置	text-align:center;
	line-height	行間	line-height: 2em;
その他	display	要素のレイアウトモデル	display: none; display:inline-block;

・要素によって有効なスタイルが異なります。無効なスタイルは単に無視されます。例えば、img 要素に font-style 特性を指定しても無視されます。
・スタイル特性によって、指定できる値は異なります。サイズの単位や色の指定方法もいろいろな複数の形式がサポートされています。不正な値は無視されます。例えば color 特性に 3px などと指定しても無視されます。

　詳しくは専門書やインターネット上の解説を参照してください。ここでは、文書の見た目を制御するためにさまざまなスタイル特性が用意されていることを把握していただければ大丈夫です。

3.3.3　インラインスタイル指定

　スタイルを適用する一番シンプルな例を見てみましょう。

```
<h1 style="color:blue; font-size:larger">hello</h1>
```

　h1 タグの文字色を青にして、フォントサイズを若干大きめにしています。このように要素の style 属性を使って指定する方法をインラインスタイルと呼びます。
　ただし、このようにインラインスタイルを使うと、構造と表現が密接に結びついてしまいます。HTML と CSS を使って構造と表現を分離しようとする W3C の考え方にも逆行します。最近はパソコンだけでなくスマホでページを見る機会も増えましたが、構造と表現が密接に結びついていると、スマホとパソコンで、コンテンツを再利用することが難しくなります。このような理由から、インラインスタイルは一般的によい方法とは言えません。

3.3.4　スタイルシート指定

　インラインスタイルは、どんなスタイルをどの要素に適用するか直感的なのでわかりやすいので

すが、柔軟ではありません。例えば100個の箇条書きをすべて青色にするのであれば、100個のli要素全てに`style="color:blue;"`と書かなくてはなりません。HTMLからCSSを分離したのは、構造と表現を分離することが目的です。インラインスタイルは簡単に記述できますが、構造と表現の分離という目的に沿った使い方ではありません。

　"文書本来の構造に影響を与えることなく、どの要素に、どんなスタイルを適用するか効率よく指定したい"、そんな要望に応えるのがスタイルシートです。スタイルシートは以下の文法で1つのルールを指定します。

　　　　　　　どの要素に 〔 どんなスタイル 〕

・"どの要素に"の部分
　要素を選択する働きをする部分です。選択は英語でセレクトと言いますが、この部分は "セレクタ" と呼ばれます。
・"どんなスタイル"の部分
　　　スタイル特性名1：値1； スタイル特性名2：値2； …
　の形式で記述します。スタイルの特性名と値を「：」（コロン）で区切り、複数の指定は「；」（セミコロン）で区切ります。

　具体例をいくつか見てみましょう。

スタイル例	効果
`p {color:blue;}`	p要素の文字を青色にする
`h1 {margin:20px;color:#FF0000;}`	h1要素の余白を20px、色を赤（#ff0000）にする
`div {text-align:　center;}`	div要素の文字を中央寄せにする

セレクタ

　セレクタにタグ名を書く方法は "このタグにこのスタイルを適用する" と直感的で簡潔です。ただ、これだけではいろいろな要望（"このpタグは文字の色を青、このpタグは右寄せ……"）に応えられません。そこで、CSSではいろいろなセレクタの書き方が用意されています。このCSSセレクタの書き方は、スタイルシートはもちろん、後述するjQueryなどでも使うので、しっかり把握しておきましょう。よく使うセレクタを以下に列挙します。

タイプセレクタ（要素セレクタ）

　要素のスタイルをまとめて指定するにはタイプセレクタを使用します。

　　　要素名 〔 スタイル指定 〕

のように記述します。その要素に対してスタイルが適用されます。

● selector-type.html

```
<!DOCTYPE html>
<html lang="ja">
<head>
  <meta charset="UTF-8">
  <title>Selector</title>
  <style>
    p { font-size: 16px;}
    span { font-size: 24px; }
  </style>
</head>
<body>
  <p>CSSの<span>タイプセレクタ</span>のサンプルです</p>
  <p><span>全ての</span>要素に適用されます</p>
</body>
</html>
```

全てのp要素のサイズが16pxに、全てのspan要素のサイズが24pxになっています。

クラスセレクタ

適用する要素をより柔軟に指定するにはクラスセレクタが便利です。

```
.クラス名 { スタイル指定 }
```

のように記述します。ピリオドがあることに注意してください。HTMLではすべての要素にclass属性を付与できます。class属性の値を持っているか否かでスタイルを適用するか否かが決まります。

●selector-class.html

```html
<!DOCTYPE html>
<html lang="ja">
<head>
  <meta charset="UTF-8">
  <title>Selector</title>
  <style>
    .popular { font-size: larger;}
    .ai { text-decoration: underline;  }
  </style>
</head>
<body>
  <ul>
    <li class="popular ai">Python</li>
    <li>English</li>
    <li>Germany</li>
    <li class="popular">JavaScript</li>
  </ul>
</body>
</html>
```

　箇条書きで項目が4つあります。最初のli要素にはclass="popular ai"と指定されているので、.popularと.aiセレクタが合致し、font-size: largerとtext-decoration: underlineが適用され、少し大きな文字で下線が引かれます。最後のli要素はclass="popular"が指定されているので.popularのセレクタのみが適用され文字が少し大きくなります。
　クラスセレクタはタイプセレクタと組み合わせることもできます。以下の例を見てください。

```
li.popular { font-size: larger;  }
h3.popular { font-size: smaller; }

  <li class="popular">hello</li>
  <h3 class="popular">hello</h3>
```

　この場合、要素とクラスの両方が合致したルールが適用されます。同じクラス属性class="popular"
が付与されていたとしても、li要素はより大きく、h3要素はより小さく描画されます。

IDセレクタ

　特定の要素のスタイル指定をする場合に、IDセレクタが利用できます。

```
#ID   { スタイル指定 }
```

のように記述します。HTMLでは任意の要素にid属性を付与することができます。id要素の値は1
つの文書中で一意である必要があります。1つの会社では社員番号に重複はありません。学籍番号
も同じです。IDも同じです。

● selector-id.html

```
<!DOCTYPE html>
<html lang="ja">
<head>
  <meta charset="UTF-8">
  <title>Selector</title>
  <style>
    #summer {
      color:red; font-size:x-large;
    }
    #winter {
      color:blue; font-size:x-small;
    }
    td {width:60px; border: 1px solid black;}
    table {border-collapse: collapse; }
  </style>
</head>
<body>
  <table>
    <tr>
        <td id="spring">春</td>
        <td id="summer">夏</td>
```

第3章　HTMLとCSSの基礎 | 89

```html
        <td id="autumn">秋</td>
        <td id="winter">冬</td>
      </tr>
    </table>
  </body>
</html>
```

id属性がsummerの要素はフォントを大きく赤色で、id属性がwinterの要素はフォントを小さく青色で描画しています。テーブルのセルの枠線を描画するためにタイプセレクタtdを使用しています。

属性セレクタ

classやidだけでなく、一般的な属性を使ってスタイルを指定することも可能です。属性セレクタは以下のように記述します。

```
要素[属性名]            { スタイル指定 }
要素[属性名="値"]       { スタイル指定 }
```

属性の有無だけでなく、属性の値を指定することもできます。

●selector-attr.html
```html
<!DOCTYPE html>
<html lang="ja">
<head>
  <meta charset="UTF-8">
  <title>Selector</title>
  <style>
    a[href] { font-size: x-large;}
    a[href="http://www.yahoo.co.jp"] {text-shadow:2px 2px 3px; }

  </style>
</head>
```

```
<body>
  <ol>
    <li><a>空のAnchor要素</a></li>
    <li><a href="#">href参照先が#の要素</a></li>
    <li><a href="http://www.yahoo.co.jp">Yahoo!</a></li>
  </ol>
</body>
</html>
```

　a要素が3つあります。2番目と3番目にはhref属性があるので、font-size: x-largeが適用されて文字が大きくなっています。3番目のa要素はhrefの値がhttp://www.yahoo.co.jpです。これはセレクタの2番目のルールに合致するので、text-shadow特性が適用され文字に影がついています。

子孫セレクタ

　"ある要素の下にある別の子要素" という指定をするのが子孫セレクタです。

```
セレクタ1　セレクタ2　{ スタイル指定 }
```

　最初のセレクタ1で要素を選択し、その階層の下にある要素の中でセレクタ2に合致した要素にスタイルを適用します。

```
<!DOCTYPE html>
<html lang="ja">
<head>
  <meta charset="UTF-8">
  <title>Selector</title>
  <style>
    p span {background-color:blue; color:white;}
```

```
        </style>
    </head>
    <body>
        <h2><span>html</span>と<span>css</span>の概要</h2>
        <p><span>html</span>は文書の構造を、<span>css</span>はスタイルを指定します</p>
    </body>
</html>
```

　htmlとcssという文字はいずれもspan要素で囲んでいます。span要素は文書中に4つありますが、background-color特性やcolor特性といったスタイルが適用されているのはp要素に含まれるspan要素2個だけです。

複数のセレクタ

　子孫セレクタと混乱しやすいのが複数のセレクタです。単にセレクタを「,」（カンマ）で区切って列挙すれば、それらのセレクタにスタイルが特定されます。

```
セレクタ1, セレクタ2, … { スタイル指定 }
```

のようにカンマ区切りで複数のセレクタを記述します。以下のように記述した場合と同じ結果になります。

```
セレクタ1 { スタイル指定 }
セレクタ2 { スタイル指定 }
…{ スタイル指定 }
```

●selector-multiple.html
```
<!DOCTYPE html>
<html lang="ja">
<head>
```

```
    <meta charset="UTF-8">
    <title>Selector</title>
    <style>
      p, span, .sel {
        text-decoration:underline;
      }
    </style>
</head>
<body>
    <h2><span>html</span>と<span>css</span>の概要</h2>
    <p>複数セレクタのサンプル</p>
    <ul>
        <li>css</li>
        <li class="sel">html</li>
    </ul>
</body>
</html>
```

p要素、span要素、class="sel"が指定された要素に下線text-decoration:underlineが引かれていることがわかります。

セレクタの優先順位

複数のセレクタを使用していると、ある要素に複数のセレクタがマッチして、そのスタイル指定が衝突することがあります。以下の例を見てください。

●selector-priority.html

```html
<!DOCTYPE html>
<html lang="ja">
<head>
  <meta charset="UTF-8">
  <title>Selector</title>
  <style>
    li      {border:1px solid black; text-align: left;}
    .script {text-align: center;}
    #dotnet {text-align: right;}

  </style>
</head>
<body>
  <ul>
    <li>Python</li>
    <li class="script">JavaScript</li>
    <li class="script" id="dotnet">C#</li>
  </ul>
</body>
</html>
```

セレクタと要素の関係を表にしてみます。

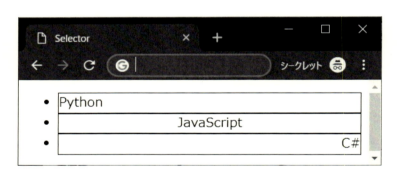

最初のセレクタ li は3つの li 要素に合致します。次のセレクタ .script は2番目と3番目の li 要素に合致します。最後のセレクタ #dotnet は3番目の li 要素だけに合致します。

　3つのセレクタでは、それぞれ text-align を指定していますが、値が異なります。

　2番目の li 要素と3番目の li 要素は複数のセレクタが合致しています。このとき、どのスタイルが適用されるのでしょうか？　実際には、どのセレクタが優先されるかを計算する計算式があるのですが、ざっくりと

　　　"要素を特定する力がより強いセレクタが優先して適用される"

と考えてください。id セレクタは文書中の要素を一意に特定するので最も優先されます。クラスセレクタはコンテンツ作成者が意図的に指定した要素だけに特定されるので次に優先されます。タイプセレクタの優先度は相対的に低くなります。

第3章　HTMLとCSSの基礎　95

3.4 レッスン

　本章で紹介したHTML要素、CSS特性はごく一部に限られます。以下の課題に取り組む際は、インターネット上のサイトや書籍を参考に、いろいろな要素・CSS特性を試してみてください。

●課題1
CSSを使わずに、レシピのページを作成してください。写真、材料一覧の箇条書き、手順ステップを含んでください。

●課題2
CSSを使って、課題1で作成したページの見た目を改善してください。できるだけインラインスタイルは使わずに、CSSのセレクタを使ってください。

●課題3
レシピ集（複数の料理へのポータル）となるページを作成し、課題2で作ったページへリンクを張り、遷移できるようにしてください。

4

第4章　jQueryの基礎

◉

jQueryはその登場からまたたく間に人気を獲得し、現在でも
JavaScriptのライブラリとしては代表的な地位に君臨していま
す。多くのWebサイトやWebアプリでjQueryが使用されてい
ます。本章ではjQueryがどのようなものか、また、その基本的
な使い方について説明します。

4.1 JavaScriptでのDOM操作

HTMLが登場したころはWebページに動きは全くありませんでした。今となってはいろいろな動きのあるページも珍しくありませんが、これはJavaScriptのおかげです。

jQueryはJavaScriptで最も広く使われているライブラリの1つです。ホームページを作成するときに便利な機能（画面の更新やネットワークアクセスなど）が含まれています。jQueryが登場する前は、ホームページの状態を更新するためにJavaScriptを使って直接DOMを操作していました。DOM（Document Object Model）とは"HTMLのページを構成する個々の要素をオブジェクトとして扱えるようにするモデル"です。ちょっとわかりづらい説明ですね。簡単なHTMLページを作成してみましょう。

●jQuerySample0.html
```
<!DOCTYPE html>
<html lang="ja">
<head>
    <meta charset="UTF-8">
    <title>jQuery Sample</title>
</head>
<body>
    <input id="name">
    <button id="hi">hi</button>
    <span id="greet"></span>
</body>
</html>
```

上記ページの構造を図にすると以下のようになります。

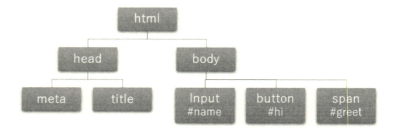

それぞれの要素が節（ノード）に該当します。ルート（最上位の階層）にhtml要素があり、その子供としてhead要素とbody要素があり……という具合です。

個々の要素をオブジェクト（モノ・目的という意味）として扱うためのモデルがDOMです。つまり、DOMでは個々の要素を「ページを構成するモノ」のように扱います。

例えばinput要素の場合を考えてみます。HTMLではidやvalueなどの属性をもっている要素として記述します。

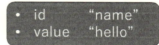

ブラウザは、このinput要素をinputオブジェクトに変換します。すると、このinput要素はidやvalueといったプロパティを持つオブジェクト（モノ）としてJavaScriptから操作できるようになります。

JavaScriptから見えるオブジェクトとはどのようなものでしょうか。開発者ツールを使って確認してみましょう。ブラウザで上記ページを表示した状態で、開発者ツールを起動してください。

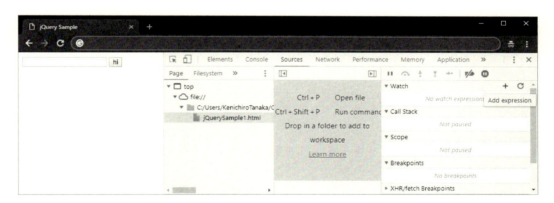

Sourcesタブを選び、Watchウインドウを探します。ブラウザのウインドウサイズや個人設定によりウインドウの配置が異なるので注意してください。そのWatchウインドウの＋をクリックして表示される入力領域に「document.getElementById("name")」と入力します。するとinputオブジェクトを参照できます。Watchウインドウの左にある▶をクリックして展開すると、accept、acceptKey、alignから始まり、膨大な量のプロパティがあることがわかります。

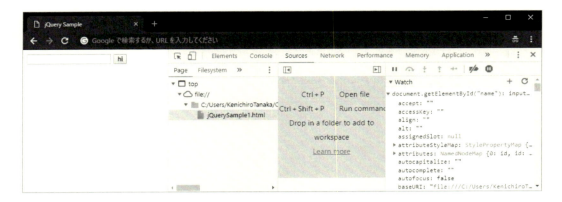

プロパティとはオブジェクトの特徴です。例えば入力フィールドの値は`value`プロパティで参照できます。ここに値を代入すると入力欄に値が表示されます。span要素には`textContent`というプロパティがありますが、そこに値を代入すると画面に文字が表示されます。開発者ツールから実際に操作してみましょう。

Consoleタブを選択し、以下のように入力してください。

```
> v = document.getElementById("name")
> v.value = "Hello"
> s = document.getElementById("greet")
> s.textContent = "Python"
```

input要素やspan要素の内容が更新されることがわかります。

documentとはHTML文書そのものを表すオブジェクトです。このオブジェクトにはgetElementByIdというメソッドがあります。メソッドとはオブジェクト専用の関数のようなも

ので、オブジェクトに指示を出すことができます。getElementByIdはメソッドの名前が表す通り、特定のidをもつ要素のオブジェクトを戻り値として返してくれます。

get Element By Id
取得する　要素を　　Idによって

　例えば、

```
v = document.getElementById("name")
```

と実行すると、idが"name"の要素、すなわちinput要素のオブジェクトが変数vに格納されます。このとき「<input id="name">」という文字列が変数vに代入されるわけではありません。このinputオブジェクトにはvalueプロパティがあります。このプロパティに値を代入する、すなわち、v.value = "Hello"　という命令を実行すると画面上にそれが反映されます。
　また、

```
s = document.getElementById("greet")
```

と実行するとgreetというidを持つ要素、すなわちspan要素のオブジェクトが変数sに代入されます。spanオブジェクトにはtextContentプロパティがあり、このプロパティに値を代入すると画面上に文字が表示されます。
　このように、HTMLドキュメントの各要素のプロパティ値を参照・設定したり、メソッドを呼んだりすることでJavaScriptから画面を制御できます。これはJavaScriptからDOMを操作していることに他なりません。
　これらの処理をJavaScriptの命令としてHTMLに埋め込んでみましょう。

●jQuerySample1.html

```
<!DOCTYPE html>
<html lang="ja">
<head>
    <meta charset="UTF-8">
    <title>jQuery Sample</title>
    <script>
function update() {
    var s = document.getElementById("name").value;
    document.getElementById("greet").textContent = "Hello! "+s;
}
    </script>
```

第4章　jQueryの基礎　101

```
</head>
<body>
    <input id="name">
    <button id="hi" onclick="update()">hi</button>
    <span id="greet"></span>
</body>
</html>
```

　ボタンを押下するとonclick属性に記述されたupdate関数が実行されます。update関数の中で実行していることは先ほど開発者ツールで実行した内容と同じです。

　もう1つ例を見てみましょう。
　　・スライダバーを変更すると値を表示する
　　・入力領域の文字数をカウントする
という処理を行います。

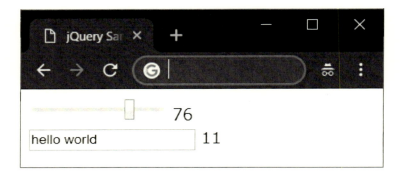

●jQuerySample2.html
```
<!DOCTYPE html>
<html lang="ja">
<head>
    <meta charset="UTF-8">
    <title>jQuery Sample</title>
    <script>
        function update() {
            var s = document.getElementById("name").value;
            document.getElementById("value").textContent = s;
        }
        function count() {
            var s = document.getElementById("field").value;
            document.getElementById("length").textContent = s.length;
        }
```

```
    </script>
</head>
<body>
    <input id="name" type="range" onchange="update()">
    <span id="value"></span>
    <br/>
    <input id="field" onkeyup="count()">
    <span id="length"></span>
</body>
</html>
```

スライダーはinput要素でtype="range"と指定します。値の変化はonchange属性で指定します。input要素へのキー入力はonkeyup属性で指定しています。いずれもinput要素なので、値はvalueプロパティで参照できます。

4.1.1 主なDOMプロパティ

DOMではHTML文書の各要素に対応するオブジェクト生成され、そのオブジェクトのプロパティを介して入力された値を取得したり、画面を更新したりします。各オブジェクトには膨大な数のプロパティがあります。すべてを覚える必要はありません。代表的なプロパティを以下に列挙します。

value プロパティ

inputやselectなど、入力を行うためのHTML要素の値を取得するにはvalueプロパティを使用します。valueプロパティを読めば値を取得でき、valueプロパティに値を代入すれば値を設定できます。

textContent プロパティ

p要素、div要素、span要素などテキストを表示する要素にはtextContentプロパティがあります。このtextContentプロパティに値を設定すると画面上の文字列が更新されます。

valueプロパティを使ってinput要素の値を取得・設定し、textContentプロパティを使って文字列を更新するサンプルを見てみましょう。

● dom-property1.html

```
<!DOCTYPE html>
<html lang="ja">
<head>
  <meta charset="UTF-8">
  <title>DOM Property</title>
  <script>
```

第4章 jQueryの基礎 | 103

```
    function change(){
      var s = document.getElementById("small").value;
      document.getElementById("large").value = s.toUpperCase();
      document.getElementById("label").textContent = s.toLowerCase();
    }
    </script>
</head>
<body>
    <input id="small" onkeyup="change()"/>
    <input id="large" />
    <p id="label"></p>
</body>
</html>
```

　input要素が2つあり、最初のinput要素に文字を入力すると、次のinput要素に大文字に変換された値が表示され、小文字に変換された文字列が下に表示されます。

　入力された値を取得するために、documentオブジェクトのgetElementByIdメソッドを使ってidがsmallのinput要素を取得し、そのvalueプロパティの値を変数sに代入しています。文字列sのtoUpperCaseメソッドを使い、文字列を大文字に変換し、idがlargeのinput要素のvalue要素に代入して値を設定しています。同じように文字列sのtoLowerCaseメソッドを使い、文字列を小文字に変換し、idがlabelのp要素のtextContentプロパティに値を設定しています。

styleプロパティ

　見た目を制御するにはCSSを使います。CSSを制御するにはオブジェクトのstyleプロパティを使用します。styleプロパティが指し示す先もオブジェクトになっており、そのオブジェクトにあるCSSプロパティを使います。すこし複雑なので以下の図を使って説明します。

```
pオブジェクト
tagName: "p",
id     : "greet",
style  :
```

```
styleオブジェクト
fontSize : "14px",
textAlign: "center",
color    : "#ff0000",
```

```
<p id="greet"
   style="font-size:14px;
          text-align:center;
          color:#ff0000">hello</p>
```

　例えば、HTML文書中にp要素があった場合、この要素に相当するオブジェクトが生成されます。このオブジェクトにはtagNameやidといったプロパティの他にstyleプロパティがあります。styleプロパティの指し示す先もオブジェクトで、そこにCSS特性の名前と値が格納されます。CSS特性ではtext-align、font-sizeのように単語を区切るのにハイフンを使います。JavaScriptでハイフンはマイナス記号として解釈されてしまうため、ハイフンを削除し、直後の文字を大文字にしたプロパティ名を使用します。

　DOMをつかってCSS特性（font-size）を書き換えて、文字のサイズを変更する例を以下に示します。

● dom-property2.html

```
<!DOCTYPE html>
<html lang="ja">
<head>
  <meta charset="UTF-8">
  <title>DOM Property</title>
  <script>
  function setSize(){
    var v = document.getElementById("size").value
    var p = document.getElementById("letter")
    p.style.fontSize = v + "px"
  }
  </script>
</head>
<body>
<input id="size" type="range" onchange="setSize()"/>
<p id="letter">A</p>
</body>
</html>
```

第4章　jQueryの基礎　│　105

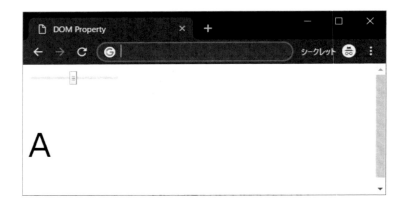

　スライダバーを動かすと文字の大きさが変化します。input要素はtype属性にrangeを指定するとスライダバーになります。スライダバーの値はvalueプロパティで取得します。オブジェクトのstyleプロパティ経由で要素のstyleオブジェクトにアクセスします。今回はfont-size特性の値を更新するために、fontSizeプロパティに値を代入して文字の大きさを変化させています。

4.2 jQuery

DOMのおかげでJavaScriptからHTML文書中の要素を操作できるようになりました。ただし、実際に
JavaScriptのプログラムを書いてみるとわかりますが、それなりのコード量が必要になります。より
効率よくHTMLページを制御できるように開発されたライブラリがjQueryです。

　HTMLページの内容を動的に更新するにはJavaScriptを使ってDOMを操作する必要があります。
ただ、前節で見たように、それなりのコードを記述する必要があります。今でこそブラウザによる挙
動の違いは少なくなりましたが、以前は、Internet Explorer用の記述、Chrome用の記述というよう
に、ブラウザごとにif文で処理を切り替える必要もありました。「複雑なDOM操作をできるだけ簡
単に、しかもブラウザに依存しない形で記述したい」という背景をうけてjQueryが出現しました。

4.2.1 jQueryの準備

　では、早速jQueryを使ってみましょう。jQueryを使うための準備は簡単です。

```
<script src="https://ajax.googleapis.com/ajax/libs/jquery/3.3.1/jquery.min.js">
</script>
```

という要素をHTML文書に挿入するだけです。もしくは、jquery.min.jsを事前にダウンロード
して、

```
<script src="jquery.min.js"></script>
```

のように記述してHTML文書と同じ場所から読み込んでも構いません。
　ちなみに、以下はGoogleが人気のライブラリを提供してくれているサイトです。
https://developers.google.com/speed/libraries/
　今回はここからURLを取得しました。jQueryだけでなく、jQuery-UI、three.jsなどさまざまなラ
イブラリが提供されています。

4.2.2 jQueryの考え方

　jQueryを使った簡単なサンプルを見てみましょう。

第4章　jQueryの基礎　　107

●jQuerySample3.html

```html
<!DOCTYPE html>
<html lang="ja">
<head>
    <meta charset="UTF-8">
    <title>jQuery Sample</title>
    <script src="https://ajax.googleapis.com/ajax/libs/jquery/3.3.1/jquery.min.js"></script>
    <script>
        function changeText() {
            $("li").text("hello")
        }
        function changeColor() {
            $("li").css("color", "red")
        }
    </script>
</head>
<body>
    <button onclick="changeColor()">changeColor</button>
    <button onclick="changeText()">changeText</button>
    <ul>
        <li>Good Morning</li>
        <li>Good Afternoon</li>
        <li>Good Evening</li>
    </ul>
</body>
</html>
```

ボタンが2つ並んでいて、その下に箇条書きの項目が3つあります。

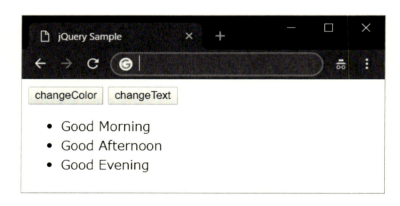

changeColorボタンを押すと、3つの箇条書きの色が赤に変わります。

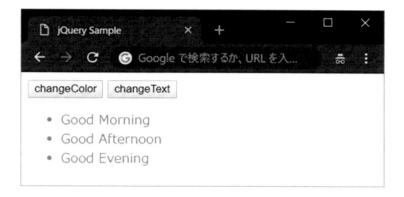

changeTextボタンを押すと、3つの箇条書きの文字が変わります。

jQueryの基本的な使い方は非常にシンプルです。

$(セレクタ).アクション()

　　　どの要素に　　何をするか

セレクタとは対象となる要素を選ぶ指定です。CSSで使用するセレクタと同じ書き方が使えます。対象となる要素は1個でも複数でも構いません。アクションの部分に何をするかを記述します。

- `$("li").text("hello")` ＝ li要素の文字をhelloにする
- `$("li").css("color","red")` ＝ li要素の色（color）を赤にする

4.2.3　よく使う命令

jQueryで対象となる要素を選択するセレクタはCSSの知識をそのまま利用できます。一方、アクションはjQuery固有なので覚える必要があります。以下によく使う命令（アクション）を列挙し

ます。

input要素の値の取得と設定

・input要素からの値の取得　＝　val()
・input要素への値の設定　＝　val(inputStr)

　input要素にはvalue属性があります。その属性の値を取得するにはval()メソッドを、値を設定するときはval(設定値)メソッドを実行します。

```html
<!DOCTYPE html>
...
    <script>
        function setVal() {
            $("#address").val("Yokohama Japan")
        }
        function getVal() {
            var addr = $("#address").val()
            alert(addr)
        }
    </script>
</head>
<body>
    <input id="address">
    <button onclick="setVal()">set Value</button>
    <button onclick="getVal()">get Value</button>
</body>
...
```

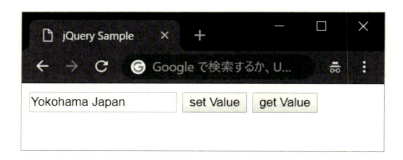

　set Valueボタンを押下するとsetVal関数が実行され、#addressで選択される要素（idがaddressの要素）にval命令で"Yokohama Japan"という値を設定します。get Valueボタンを押すと入力内容をダイアログで表示します。

文字列の取得と設定

- textの取得　＝　text()
- textの設定　＝　text(inputStr)

span、div、pなど文字列を表示する要素にはtextメソッドが使用できます。引数なしで実行すると現在のテキスト値が取得できます。引数に文字列を指定すれば、その文字列が表示されます。

```
<!DOCTYPE html>
…
    <script>
        function setText() {
            $("#address").text("Yokohama Japan")
        }
        function getText() {
            var addr = $("#address").text()
            alert(addr)
        }
    </script>
</head>
<body>
    <span id="address">Tokyo Japan</span>
    <button onclick="setText()">set Text</button>
    <button onclick="getText()">get Text</button>
</body>
…
```

set Textボタンを押下すると文字列がセットされ、get Textボタンを押すとその内容がポップアップで表示されます。

CSSスタイル値の取得と設定

- cssの取得　＝　css(property)
- cssの設定　＝　css(property, value)
  css({prop1:val1, prop2:val2, …})

cssでスタイルを設定するにはcssメソッドを使用します。スタイル名だけを引数として実行するとスタイルの値が返されます。スタイル名と値を引数として実行するとそのスタイルが要素に適用されます。引数にスタイル名と値を含むオブジェクトを渡すと複数のスタイルを一括して設定することも可能です。

```
<!DOCTYPE html>
...
    <script>
        function setCss1() {
            $("#address").css("color", "red")
        }
        function setCss2() {
            var properties = {
                "color": "blue",
                "font-size": "26px"
            };
            $("#address").css(properties)
        }
        function getCss() {
            var s = $("#address").css("color")
            alert(s)
        }
    </script>
</head>
<body>
    <span id="address">Tokyo Japan</span>
    <button onclick="setCss1()">set Css1</button>
    <button onclick="setCss2()">set Css2</button>
    <button onclick="getCss()">get Css</button>
</body>
...
```

setCss1関数では1つのスタイルを設定します。setCss2関数では複数のスタイルを一括して設定

します。getCss関数では指定されたスタイルの値を取得します。

文書読み込み後の初期化

　文書の読み込みが終わった時になんらかの処理を実行したいという状況は少なくありません。そのような場合には以下のように記述します。

```
$(function(){
    // 文書ロード後の初期化処理
})
```

1）$()と書く
　　$がjQueryの関数オブジェクトで、その関数を実行することになります。
2）()の中に匿名関数を書く$(function(){})
　　jQuery関数に匿名関数を引数として渡しています。
3）{}の間にカーソルを移動して改行する
　　その匿名関数の中に記述する内容が初期化処理となります。

　このようにすれば、jQueryでの初期化処理を簡単に記述することが可能です。

クリック処理 - click

　要素がクリックされたときの処理にはclickメソッドを使います。clickメソッドの引数にイベントハンドラを記述すると、クリックされたときにイベントハンドラが実行されます。jQueryでは匿名関数をつかってイベントハンドラを記述することが一般的です。

```html
<!DOCTYPE html>
...
</script>
    <script>
        $(function(){
            $("button").click(function(){
                alert( $(this).text() )
            })
        })
    </script>
</head>
<body>
    <button>jQuery</button>
    <button>Python</button>
    <button>Bootstrap</button>
```

第4章　jQueryの基礎　│　113

```
    </body>
...
```

ボタンを押すとそのボタンのラベルが警告として表示されます。初期化関数を使って、button 要素がクリックされたときのイベントハンドラを登録しています。イベントハンドラの中では $(this) と記述していますが、これはイベントが発生した要素、すなわちクリックされた button 要素を参照します。その text メソッドを実行することでボタンのラベルを取得し、alert 関数で表示しています。

input 要素の状態変化 - change

input 要素や select 要素の状態が変化したときのイベントハンドラは change メソッドで指定します。

```
<!DOCTYPE html>
...
    <script>
        $(function () {
            $("select").change(function () {
                var v = $(this).val()
                $("#fruit").text("you selected " + v)
            })
        })
    </script>
</head>
<body>
    <select>
        <option>banana</option>
        <option>orange</option>
        <option>melon</option>
    </select>
    <span id="fruit"></span>
```

```
</body>
...
```

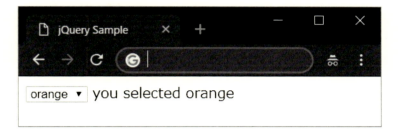

　select要素で項目を選択するとイベントが発生してchangeメソッドの引数で指定されたイベントハンドラが実行されます。選択された項目は$(this).val()で取得することができます。
　ちなみに、

```
on('input', function () {…})
```

というメソッドでもinput要素の変化に反応できます。スライダバー（type="range"）のときは移動中もイベントが発生するので、よりスムーズな動きが実現できます。

サンプル
　ここまで説明した内容をベースにして簡単なサンプルを作成してみました。

```
<!DOCTYPE html>
<html lang="ja">

<head>
    <meta charset="UTF-8">
    <title>jQuery Sample</title>
    <script src="https://ajax.googleapis.com/ajax/libs/jquery/3.3.1/jquery.min.js"></script>
    <script>
        $(function () {
            $(".group").css({ "margin":"20px",
                              "border":"solid 1px" });

            $("button").click(function () {
                $("#greet").text("Hello! " + $("#name").val())
            })
```

第4章　jQueryの基礎　115

```
            $("input[type='range']").on('input', function () {
                var r = $("#rVal").val()
                var g = $("#gVal").val()
                var b = $("#bVal").val();
                var s = 'rgb(' + r + ',' + g + ',' + b + ')'
                $(this).parent().css('background-color', s);
            })

            $("input[type='checkbox']").change(function () {
                $("#fPanel").fadeToggle("slow", "linear");
            })
        })
    </script>
</head>

<body>
    <div class="group">
        <label>Text</label><br />
        <input id="name">
        <button>hi</button>
        <span id="greet"></span>
    </div>
    <div class="group">
        <label>Slider</label><br />
        <span>R:</span><input type="range"
                id="rVal" min="0" max="255">
        <span>G:</span><input type="range"
                id="gVal" min="0" max="255">
        <span>B:</span><input type="range"
                id="bVal" min="0" max="255">
    </div>
    <div class="group">
        <label>FadeIn/Out</label><br />
        <input type="checkbox">
        <p id="fPanel" style="background:gray">FADE</p>
    </div>
</body>
</html>
```

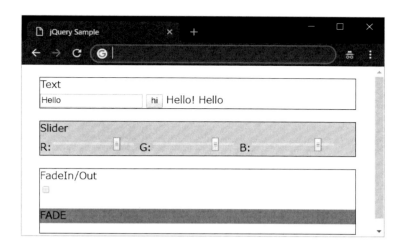

　初期化時にgroupというクラスをもつ要素のmarginとborderを一括して設定しています。その後button要素、スライダー（input[type='range']）、チェックボックス（input[type='checkbox']）のイベントハンドラを設定しています。それぞれのイベントハンドラの中ではjQueryの命令を使って画面を更新しています。今まで説明した他に以下の命令も使用しています。

　　・parent()　　＝　　親要素を返す
　　・fadeToggle()　　＝　　表示・非表示を切り替える

　ここまでjQueryを使って要素を選択し、そのプロパティを設定したり、イベントハンドラを登録したり、という使い方について説明しました。これだけでもDOMを直接操作するよりも簡単にコンテンツを記述できることがわかったとおもいます。しかしながら、ここで説明したことは、jQueryでできることのほんの一部を紹介したに過ぎません。詳しくは書籍やオフィシャルサイト（https://jquery.com）をご覧ください。

4.3 jQuery-UI

jQuery-UIは高機能なユーザーインターフェース（UI）を簡単に実装できるjQueryの追加モジュールです。

　jQueryのユーザーインターフェース用モジュールを使用すると、高機能なユーザーインターフェースを簡単に実装できます。詳しくは公式サイト（`https://jqueryui.com`）をご覧ください。どのようなUI部品があるかざっと見て、サンプルをコピーして使用する、そんな作業を何回か繰り返すのが習得の近道です。

　ページ上部にあるカテゴリから"Demos"を選択し、画面左にあるWidgets一覧からUI要素をクリックするとさまざまな部品の使い方、使用例の紹介ページが表示されます。

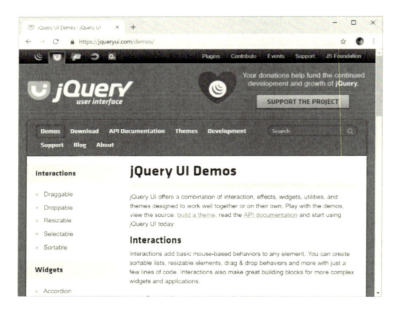

　例えば、Accordionを選択してください。画面右のサンプルを操作するとAccordionを操作できます。また、その下にあるview sourceをクリックするとそのソースを見ることもできます。

　1点注意が必要なのは、view sourceにあるソースコードをそのままコピー&ペーストしても意図した挙動にならない場合があることです。accordionサンプルの先頭部分を以下に引用します。

```
<!doctype html>
<html lang="en">
<head>
  <meta charset="utf-8">
  <meta name="viewport" content="width=device-width, initial-scale=1">
  <title>jQuery UI Accordion - Default functionality</title>
  <link rel="stylesheet" href="//code.jquery.com/ui/1.12.1/themes/base/jquery-ui.css">
  <link rel="stylesheet" href="/resources/demos/style.css">
  <script src="https://code.jquery.com/jquery-1.12.4.js"></script>
  <script src="https://code.jquery.com/ui/1.12.1/jquery-ui.js"></script>
  <script>
...
```

　link要素のhrefの参照先にホスト部分がありません。jQuery-UIのサイトであればjquery-ui.cssやstyle.cssを取得できるのですが、単にコピーしただけではこれらのリソースを取得できません。そこでjQueryとjQuery-UIのcssファイルとjsファイルをGoogle CDNなどからダウンロードします。CDNとはContent Delivery Networkのことで、Webサイトアクセス時に効率よく高速に配信する仕組みです。Googleはよく利用されるライブラリをCDNで提供しています。

https://developers.google.com/speed/libraries/

修正後のページを以下に示します。

```html
<!doctype html>
<html lang="en">
<head>
  <meta charset="utf-8">
  <meta name="viewport" content="width=device-width, initial-scale=1">
  <title>jQuery UI Accordion - Default functionality</title>
<link rel="stylesheet" href="https://ajax.googleapis.com/ajax/libs/jqueryui/
1.12.1/themes/smoothness/jquery-ui.css">
<script src="https://ajax.googleapis.com/ajax/libs/jquery/
3.3.1/jquery.min.js"></script>
<script src="https://ajax.googleapis.com/ajax/libs/jqueryui/
1.12.1/jquery-ui.min.js"></script>
  <script>
  $( function() {
    $( "#accordion" ).accordion();
  } );
  </script>
</head>
<body>

<div id="accordion">
  <h3>Section 1</h3>
  <div>
    <p>
    Mauris mauris ante, blandit et, ultrices a, suscipit eget, quam. Integer
    ut neque. Vivamus nisi metus, molestie vel, gravida in, condimentum sit
    amet, nunc. Nam a nibh. Donec suscipit eros. Nam mi. Proin viverra leo ut
    odio. Curabitur malesuada. Vestibulum a velit eu ante scelerisque vulputate.
    </p>
  </div>
  <h3>Section 2</h3>
  <div>
    <p>
    Sed non urna. Donec et ante. Phasellus eu ligula. Vestibulum sit amet
    purus. Vivamus hendrerit, dolor at aliquet laoreet, mauris turpis porttitor
    velit, faucibus interdum tellus libero ac justo. Vivamus non quam. In
    suscipit faucibus urna.
    </p>
  </div>
```

```html
<h3>Section 3</h3>
<div>
  <p>
  Nam enim risus, molestie et, porta ac, aliquam ac, risus. Quisque lobortis.
  Phasellus pellentesque purus in massa. Aenean in pede. Phasellus ac libero
  ac tellus pellentesque semper. Sed ac felis. Sed commodo, magna quis
  lacinia ornare, quam ante aliquam nisi, eu iaculis leo purus venenatis dui.
  </p>
  <ul>
    <li>List item one</li>
    <li>List item two</li>
    <li>List item three</li>
  </ul>
</div>
<h3>Section 4</h3>
<div>
  <p>
  Cras dictum. Pellentesque habitant morbi tristique senectus et netus
  et malesuada fames ac turpis egestas. Vestibulum ante ipsum primis in
  faucibus orci luctus et ultrices posuere cubilia Curae; Aenean lacinia
  mauris vel est.
  </p>
  <p>
  Suspendisse eu nisl. Nullam ut libero. Integer dignissim consequat lectus.
  Class aptent taciti sociosqu ad litora torquent per conubia nostra, per
  inceptos himenaeos.
  </p>
</div>
</div>


</body>
</html>
```

　他にも Autocomplete、Controlgroup、Datepicker、Dialog、Selectmenu、Tabsなど、さまざまな
部品が用意されています。サンプルにはソースコードもあるので、試してみると理解が深まります。
すべて覚える必要はありませんが、jQuery-UIでどのようなことができるか把握しておくと、いざ
というときに重宝します。

4.4 レッスン

　JavaScriptでのDOM操作には慣れが必要です。課題が難しいと感じた場合は解答例を見て構いません。ただし、解答を見た後は自力で実装できるようにしてください。「パターンを覚えてしまう」ことも必要です。

4.4.1 DOM

●課題1
アルファベットの文字列を入力すると大文字で表示されるページを作成してください。テキストの更新はキー入力の都度行われるものとします。キーイベントの検出にはonkeyupイベントハンドラを使用してください。

●課題2
スライダーを動かすとその数値を表示するページを作成してください。数値の範囲は0～255とします。スライダーはinput要素でtype="range"と記述します。値の変更はonchangeイベントハンドラで検出します。

●課題3
RGB、それぞれの値を変更する3つのスライダーを用意し、それらを動かすとパネルの色が変化するページを作成してください。

●課題4

textarea要素を用意し、その中に入力された単語数（半角空白で区切られた要素の数）を表示するページを作成してください。

●課題5

プルダウンメニューから"おはよう"を選ぶと"morning"、"こんにちは"を選ぶと"afternoon"、"こんばんは"を選ぶと"evening"と表示するページを作成してください。プルダウンメニューはselect要素とoption要素を組み合わせて作成します。変化の検出はonchangeイベントハンドラを使用します。

●課題6

JavaScriptの配列 ["Spring", "Summer", "Autumn", "Winter"] をもとにJavaScriptで動的に箇条書きを作成してください。

第4章　jQueryの基礎　123

●dom-exercise6.html

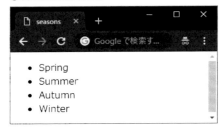

4.4.2　jQuery

jQueryを使ってDOMで実装した内容を実装してください。

5

第5章　Web-APIの基礎

◉

HTTPは、単にファイルや画像を取得するだけでなく、リモートのサーバに処理を依頼するためにも利用されます。この仕組みをWeb-APIと呼びます。いろいろな会社や団体がWeb-APIを公開し、魅力的なサービスを提供しています。これらサービスを組み合わせることをマッシュアップと呼びます。Web-APIを自由に使いこなせると、できることの幅が格段に広がります。本章ではWeb-APIについて詳しく見ていきます。

5.1　Web-APIとは

Web-APIとはネットワーク越しにHTTP/HTTPS経由でいろいろなサービスを呼び出す仕組みです。まずはWeb-APIを使って実感してみましょう。

　PC上で動作するアプリケーションは、ファイルのオープンとクローズ、画面への描画など、何らかの形でOSが提供するサービスを利用しています。このように、OSのサービスを呼び出すためのインターフェースをAPI（Application Program Interface）と呼びます。もともとはローカルPCの中で使われる用語でした。しかし、ネットワークが普及してくると"遠隔にあるサーバが提供するサービスも同じように呼び出したい"という要求がでてきました。これがWeb-API誕生のきっかけです。

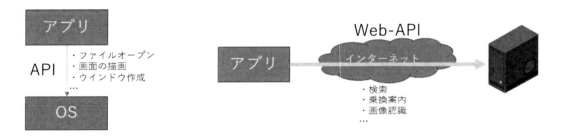

　まず、Web-APIを実行してみましょう。以下のURLをブラウザに入力してください。
`http://weather.livedoor.com/forecast/webservice/json/v1?city=140010`
　天気予報のページが表示されるのではなく、横浜市の天気予報に関する情報が表示されます。全国の地点情報は以下のURLから参照できます。
`http://weather.livedoor.com/forecast/rss/primary_area.xml`
　例えば、URL末尾の`140010`を`471010`にすると沖縄県の情報が表示されます。
　また、以下のURLをブラウザに入力してください。
`http://zipcloud.ibsnet.co.jp/api/search?zipcode=2110012`
　郵便番号211-0012の住所が表示されます。URLの末尾7桁の数字を変えていろいろと確認してください。
　ブラウザに表示された内容を見てわかるように、サーバから返されたデータはそのままユーザーに提示されることを意図したものではありません。データを加工してより良いサービスを構築するために使われます。

5.2 Postman

それではWeb-APIを呼び出してみましょう。いろいろな方法がありますが、ここではPostmanというアプリを使用します。開発者の間でも人気の高いアプリです。これを機に使い方をマスターしておきましょう。

　PostmanはWeb-APIを直接実行することができる便利なツールです。これを機にインストールすることをお勧めします。インストールは以下のURLから行います。
https://www.getpostman.com/downloads/

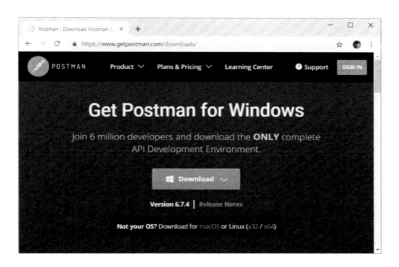

　Windows版、macOS版、Linux版と用意されているので該当するバージョンを選んでインストールしてください。初回起動時はユーザー登録を求められるかもしれません。その際はアプリの指示に従って手続きを進めてください。初期画面は以下のようになります。

　Create Newタブでいくつかメニューが表示されていますが、今回は単にWeb-API呼び出しをいくつか行うだけなので、ダイアログ右上の閉じるボタンをクリックしてダイアログを閉じてください。

5.3 JSON

JSONとはJava Script Object Notationの略で、もともとはJavaScriptでオブジェクトを記述するためのフォーマットでした。その簡潔な仕様が幅広く支持されて、いろいろな分野で利用されています。Web-APIでもデータを表現するためのフォーマットとして使用されています。

　先ほどの郵便番号のWeb-APIの応答を見てみましょう。

```
{
    "message": null,
    "results": [
        {
            "address1": "神奈川県",
            "address2": "川崎市中原区",
            "address3": "中丸子",
            "kana1": "ｶﾅｶﾞﾜｹﾝ",
            "kana2": "ｶﾜｻｷｼﾅｶﾊﾗｸ",
            "kana3": "ﾅｶﾏﾙｺ",
            "prefcode": "14",
            "zipcode": "2110012"
        }
    ],
    "status": 200
}
```

　この形式をJSON（JavaScript Object Notation）と呼びます。Web-APIで最もよく利用されるフォーマットです。複雑そうに見えますが、ルールは簡単です。

- 配列は[]で表現します。配列は複数の要素を含むデータ構造です。要素は[]の中に「,」（カンマ）区切りで記述します。
- オブジェクトは{}で表現します。オブジェクトは「キー：値」のペアを保持することができます。このようなデータ構造を辞書型、ハッシュテーブル等と呼びます。

　簡単なものから例を見てみましょう。

第5章　Web-APIの基礎　129

・**配列：1、5、4、6といった数値の並び**

例）`[1, 5, 4, 6]`

複数の数値を含む配列として表現します。

・**配列：red、blue、greenといった文字列の並び**

例）`["red", "blue", "green"]`

複数の文字列を含む配列として表現します。文字列は""で囲みます。

・**オブジェクト：赤色で長さ10㎝の鉛筆**

例）`{ "color": "red", "length": 10 }`

キーと値を「:」（コロン）で分けます。キーと値のペアを複数格納する場合は「,」(カンマ)で区切ります。キーの名前は""で囲みます。

・**複合型：赤色で長さ10㎝の鉛筆と、緑色で7㎝の鉛筆、黒で13㎝の鉛筆**

例）

●dom-exercise5.html.

```
[
    { "color": "red",  "length": 10 },
    { "color": "green",  "length": 7 },
    { "color": "black",  "length": 13 }
]
```

各鉛筆はオブジェクトで表現し、それらを格納するために配列を使用しています。

Pythonでは、"配列"よりも"リスト"（値を変更可能な配列）や"タプル"（値を変更できない配列）という用語を使うことが一般的です。本書では配列もしくはリストという用語をほぼ同じ意味で使用します。

PythonやJavaScriptでJSONのデータにアクセスする場合、配列は[数字]、オブジェクトは[キー文字列]のように記述します。

以下はPythonでの例です。

```
pens = [
    { "color": "red", "length": 10 },
    { "color": "green", "length": 7 },
    { "color": "black", "length": 13 }
]

print(pens[0]["color"]) # "red"
```

130 | 第5章　Web-APIの基礎

```
print(pens[1]["length"]) # 7

for pen in pens:
    print(pen["color"]) # red->green->black
```

出力は以下のようになります。

```
red
7
red
green
black
```

pens[0]で0番目のオブジェクトが取得できます。さらに、そのオブジェクトのプロパティ値を取得するには[キー]と指定します。つまり、pens[0]["color"]で0番目のオブジェクトのcolorキーにアクセスすることになります。

Pythonでのfor文は以下のように記述します。

●文法

```
for ループ変数 in コレクション:
    処理内容
```

●例

```
for pen in pens:
    print(pen["color"])
```

Pythonでは配列はコレクションとして扱えます。今回の例ではpensがコレクションに相当します。pensから要素をひとつずつ取り出して、ループ変数penに代入し、そのcolorキーの値をprint関数で出力しています。

これからいろいろなJSON形式のデータがでてきます。中には複雑な構造のデータもありますが、基本は配列と辞書の組み合わせにすぎません。順番に紐解いていけばきっと理解できます。

第5章　Web-APIの基礎　│　131

5.4 シンプルなWeb-APIを試す

Web-APIがどのようなものか、そのデータ表現のために使われるJSONがどのようなものか把握できたので、実際にWeb-APIを試してみましょう。

Web-APIを試してみるとわかりますが、複雑な構造のJSONを応答として返すものも多いため、目的とする情報を得るまでには多少の試行錯誤が必要です。「どのようなデータが送られて、どんな応答が返されているのか詳しく調べたい」、そんなときに重宝するツールがPostmanです。https://www.getpostman.comからダウンロードしてインストールしてください。以降、いくつかWeb-APIを紹介します。Postmanを使ってWeb-APIにアクセスする手順、Pythonからアクセスするプログラムと順番に説明します。

5.4.1 郵便番号

郵便番号検索APIの仕様

APIを実際に使用する前に仕様を確認しましょう。今回の郵便番号Web-APIの仕様に関してはhttp://zipcloud.ibsnet.co.jp/doc/apiに詳しい説明があります。

●クエリパラメータ

パラメータ名	タイプ	デフォルト	説明
zipcode	7桁数値	n/a	郵便番号
limit	数値	20	最大件数

※デフォルトがn/a (not available)の場合は、明示的に値を指定する必要があります。

http://zipcloud.ibsnet.co.jp/api/search?zipcode=2110012で送受信されるデータを、Postmanを使って確認します。その後で、Pythonを使ってプログラムから呼び出してみましょう。

Postman

画面中央付近にあるドロップダウンメニューでメソッドが選択できます。メソッドでGETを選び、横の入力フィールドにhttp://zipcloud.ibsnet.co.jp/api/searchと入力します。GETボタンの下にあるParamsタブを選び、KEYにzipcode、VALUEに2110012（任意の郵便番号）と入力します。これらはクエリパラメータです。GETの右の入力領域のURLに自動的にクエリパラメータが追加されます。この状態でSendを押下するとサーバからの応答が画面の下部に表示されます。自宅の郵便番号の住所が取得できるか確認してください。

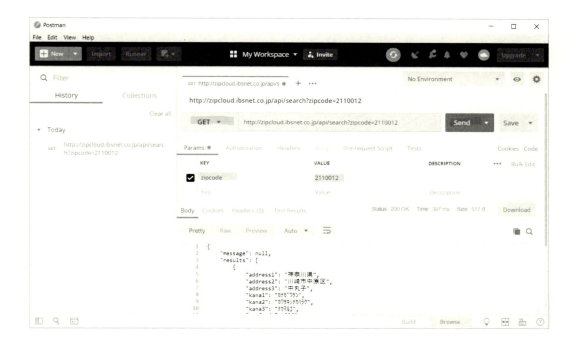

Python

PythonでHTTPを使う場合、requestsモジュールを使うと簡単です。

```
import requests
param = {"zipcode": "2110012"}
r = requests.get("http://zipcloud.ibsnet.co.jp/api/search", param)
print(r.json())
```

requestsモジュールは標準モジュールではないので別途インストールする必要があります。以下のようにpipコマンド（macOSではpip3）を使ってインストールしてください。

● Windowsの場合

● macOS の場合

```
● ● ●                    🏠 kenichirotanaka — -bash — 80×5
Last login: Wed Mar 20 21:03:21 on ttys000
Kenichiro:~ kenichirotanaka$ pip3 install requests
Collecting requests
  Downloading https://files.pythonhosted.org/packages/7d/e3/20f3d364d6c8e5d2353c
72a67778eb189176f08e873c9900e10c0287b84b/requests-2.21.0-py2.py3-none-any.whl (5
```

　1行目でrequestsモジュールをインポート（取り込む）しています。2行目の「{"zipcode":
"2110012"}」はクエリパラメータです。辞書型データとして、キーと値を「:」（コロン）で区
切って記述します。3行目でサーバと通信しています。メソッドはget、URLは第1引数、クエリパ
ラメータを第2引数で指定します。サーバからの戻り値は変数rに格納します。r.json()でレスポ
ンスをJSON形式に変換できるので、それをprint関数で出力しています。
　出力結果は以下のようになります。

```
■ コマンドプロンプト                                              —     □     ×
c:¥tmp>python zipcode.py
{'message': None, 'results': [{'address1': '神奈川県', 'address2': '川崎市中原区
', 'address3': '中丸子', 'kana1': 'カナガワケン', 'kana2': 'カワサキシナカハラク', 'kana3': 'ナカ
マルコ', 'prefcode': '14', 'zipcode': '2110012'}], 'status': 200}

c:¥tmp>
```

　見づらいですね。しかも、キーの文字列がダブルクォーテーションでなく、シングルクォーテー
ションで囲まれているので正式なJSONフォーマットとは言えません。これは、Pythonではデフォ
ルトで文字列をシングルクォーテーションで表現するためです。
　正しいJSONフォーマットの文字列を出力するには以下のようにします。

```python
import requests, json
param = {"zipcode": "2110012"}
r = requests.get("http://zipcloud.ibsnet.co.jp/api/search", param)
print(json.dumps(r.json(), ensure_ascii=False, indent=4))
```

　最初の行でjsonモジュールもインポートします。最後の行で、json.dumps関数を使ってJSONオ
ブジェクトを明示的に文字列に変換しています。最初の引数がJSONで表現するオブジェクトです。
デフォルトの挙動ではアスキー文字に変換するので日本語が文字化けします。よって、ensure_ascii
パラメータにFalseを指定しています。インデントの幅はindentパラメータで指定します。今度は
正しいJSON形式で表示されました。

134　　第5章　Web-APIの基礎

```
コマンドプロンプト                                              ─    □    ✕

c:\tmp>python zipcode.py
{
    "message": null,
    "results": [
        {
            "address1": "神奈川県",
            "address2": "川崎市中原区",
            "address3": "中丸子",
            "kana1": "カナガワケン",
            "kana2": "カワサキシナカハラク",
            "kana3": "ナカマルコ",
            "prefcode": "14",
            "zipcode": "2110012"
        }
    ],
    "status": 200
}
```

第5章　Web-APIの基礎

5.5 アプリケーションキーが必要なWeb-APIを試す

インターネット上には数多くのWeb-APIが公開されていますが、多くはアプリケーションキーという文字列をHTTPリクエストに付与する必要があります。どのユーザーからどの程度のアクセスがあるか調べたり、過度の利用を制限するためです。そのようなWeb-APIを試してみましょう。

多くのWeb-APIでは事前にユーザー登録をしてアプリケーションキーを発行してもらい、そのキーを使ってWeb-APIを呼び出します。悪意のある人がWeb-APIを連続して呼び出して他の人が使えなくなる状況を避けたり、利用状況を調べたりするためです。

手順は以下の通りです。

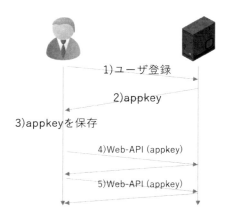

1) メールアドレスなどでユーザー登録をする。
2) サービス提供者からアプリケーションキー（appkey）を発行してもらう。
3) ユーザーはそのappkeyを保存しておく。アプリケーションキーは一度発行してもらえば、継続して利用できるのが一般的であり、後日Web-APIを使うときはそのキーを利用する。利用の都度、ユーザー登録をする必要はない。
4) Web-APIを呼び出すときに、クエリパラメータもしくはHTTPヘッダにアプリケーションキーを設定する。

では、早速アプリケーションキーを取得してWeb-APIを呼び出してみましょう。

5.5.1 NASA

`https://api.nasa.gov/`

Web-APIを使用するためには事前にユーザー登録を行い、APIキーを取得します。

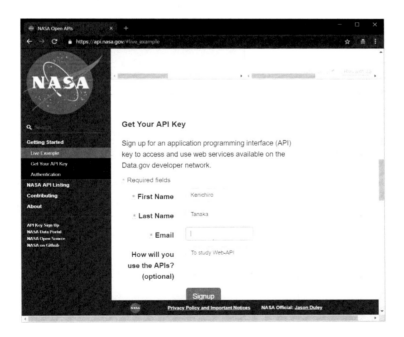

氏名、メールアドレスを入力してSignupをクリックするとAPIキーが表示されます。別途メールが届きますが、このAPIキーはメモしておきましょう。

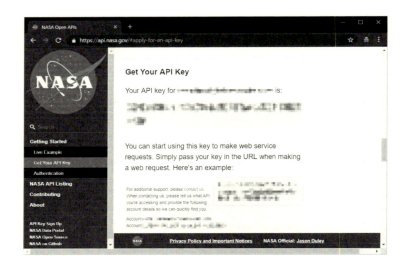

　これで準備完了です。さまざまなWeb-APIが提供されていますが、その仕様は以下のページで説明されています。

https://api.nasa.gov/api.html

　NASAが提供するWeb-APIを呼び出す場合、アプリケーションキーが必要です。1時間に呼び出せる回数は1,000回です。それを超える頻度で呼び出すと一時的にブロックされます。

ImageryサービスAPIの仕様

https://api.nasa.gov/planetary/earth/imagery/

●Imageryサービスの主なクエリパラメータ

パラメータ名	タイプ	デフォルト	説明
lat	float	n/a	緯度
lon	float	n/a	経度
date	YYYY-MM-DD	today	撮影日時
api_key	string	n/a	APIキー

Postmanでのアクセス

　東京タワーの緯度経度（35.6597471,139.743918）を指定してみました。

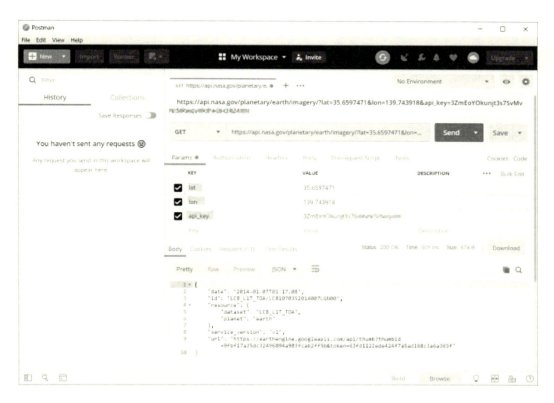

サーバからのレスポンスは以下の通りです。

```
{
    "date": "2014-01-07T01:17:08",
    "id": "LC8_L1T_TOA/LC81070352014007LGN00",
    "resource": {
        "dataset": "LC8_L1T_TOA",
        "planet": "earth"
    },
    "service_version": "v1",
    "url": "https://earthengine.googleapis.com/api/thumb?thumbid=97b2fc2e677a470ef4e54e708c150f4f&token=8d18ae2be3af2882b250cdd02c0fb0a3"
}
```

最後のURLをブラウザで表示すると東京タワー上空の画像が表示されます。

Pythonでのアクセス

```
import requests, json
param = {
    "lat": 35.6597471,
    "lon": 139.743918,
    "api_key" : "3ZmEoYOkunjt3s7SvMvNI5IRwqvVKIhH3H2RZ4XM"
}
r = requests.get("https://api.nasa.gov/planetary/earth/imagery/", param)
print(json.dumps(r.json(), ensure_ascii=False, indent=4))
```

api_keyパラメータの値は自分で取得した値に置き換えて実行してください。Postmanと同じレスポンスを取得できます。

AsteroidsサービスAPIの仕様

地球に接近している隕石の情報を取得するサービスです。

https://api.nasa.gov/neo/rest/v1/feed

●Asteroidsサービスの主なクエリパラメータ

パラメータ名	タイプ	デフォルト	説明
start_date	YYYY-MM-DD	n/a	緯度
end_date	YYYY-MM-DD	開始日から7日間	経度
api_key	string	n/a	APIキー

Postmanでのアクセス

執筆時の日付（2019-03-06）を指定してみました。

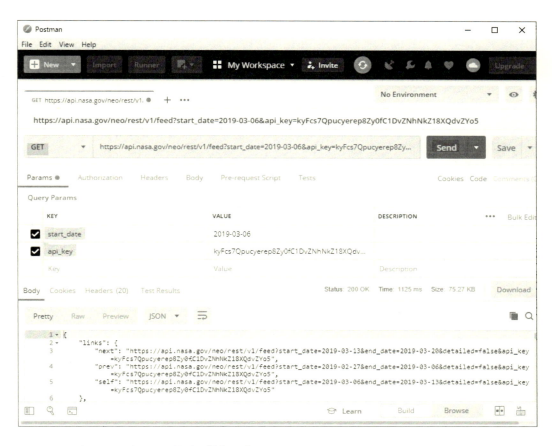

サーバからのレスポンスは以下の通りです。

```
{
    "links": {
        "next": "https://api.nasa.gov/neo/rest/v1/feed?start_date=2019-03-13
&end_date=2019-03-20&detailed=false&api_key=kyFcs7Qpucyerep8Zy0fC1DvZNhNkZ18XQ
dvZYo5",
…中略…
    },
    "element_count": 69,
    "near_earth_objects": {
        "2019-03-10": [
            {
                "links": {
                    "self": "https://api.nasa.gov/neo/rest/v1/neo/3170203
?api_key=kyFcs7Qpucyerep8Zy0fC1DvZNhNkZ18XQdvZYo5"
                },
…中略…
```

第 5 章　Web-API の基礎　│　141

数多くの隕石が地球の周囲にあることがわかりませす。URLをたどると隕石には名前やIDが割り当てられ、直径や最接近日、軌道といった情報も含まれているようです。

Pythonでのアクセス

```
import requests, json
param = {
    "start_date": "2019-03-06",
    "api_key" : "3ZmEoYOkunjt3s7SvMvNI5IRwqvVKIhH3H2RZ4XM"
}
r = requests.get("https://api.nasa.gov/neo/rest/v1/feed", param)
print(json.dumps(r.json(), ensure_ascii=False, indent=4))
```

api_keyパラメータの値は自分で取得した値に置き換えて実行してください。start_dateも実行時から直近の7日以内に設定する必要があります。Postmanと同じレスポンスが取得できます。

5.5.2 NHK番組表API

NHKは番組表に関する情報をWeb-APIで提供しています。今どんな番組を放送しているかWeb-APIで調べてみましょう。

ユーザー登録、アプリ登録

まずは以下のURLからユーザー登録を行ってください。

http://api-portal.nhk.or.jp/

新規登録から次のページに進み、ユーザー名、メールアドレスを入力し、利用規約に同意したのちにアカウント作成ボタンを押下します。

メールが届くのでその手順に沿って登録作業を完了します。

ユーザー登録が完了したら、新規アプリを登録してアプリケーションキーを取得します。

適当なアプリ名を入力し、Create App ボタンを押下します。

アプリが登録されるのでアプリ名をクリックします。

これでようやくAPIキーが取得できます。このキーをメモしておいてください。

Now On Air APIの仕様

現在放送中の番組情報を取得するサービスです。
http://api-portal.nhk.or.jp/doc_now-v1_con
に詳しい説明があります。このWeb-APIを利用するためのURLは以下の通りです。
http://api.nhk.or.jp/v2/pg/now/{area}/{service}.json?key={apikey}

●サービスの主なクエリパラメータ

パラメータ名	説明
area	地域ID、例）110：さいたま,120：千葉,130：東京,140：横浜…
service	サービスID、例）g1：NHK総合1,g2：NHK総合2…
apikey	APIキー

Postmanでのアクセス

東京のNHK総合1の番組表を取得してみました。
http://api.nhk.or.jp/v2/pg/now/130/g1.json?key=…
クエリパラメータとして指定しているのはapikeyだけで、東京地域が130、NHK総合1がg1.jsonと、URLの一部としてパラメータが埋め込まれている点に注目してください。

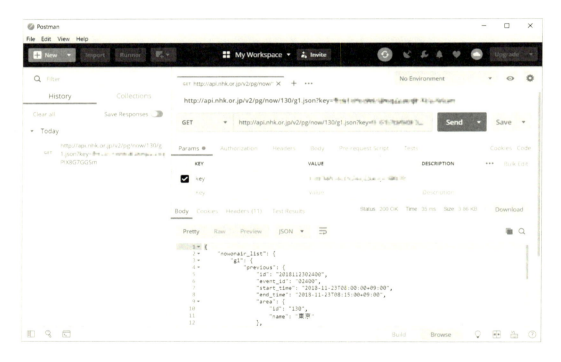

Pythonでのアクセス

いつもと同じ要領です。今回使用するクエリパラメータはkeyだけです。

```
import requests, json
param = {
    "key" : "取得したAPIキーを指定してください"
}
r=requests.get("http://api.nhk.or.jp/v2/pg/now/130/g1.json", param)
```

```
data = r.json()
g1 = data["nowonair_list"]["g1"]
print("前の放送：{0}".format(g1["previous"]["title"]))
print("今の放送：{0}".format(g1["present"]["title"]))
print("次の放送：{0}".format(g1["following"]["title"]))
```

●出力例

```
前の放送：ニュース　シブ５時
今の放送：首都圏ネットワーク
次の放送：気象情報
```

　階層が深いので、目的とする情報を取得するまでいくつもキーをたどる必要があります。Postman
の出力などを参考にしながら、順番にキーをたどってください。

```
{
    "nowonair_list": {
        "g1": {
            "previous": {
                "id": "2019030512199",
                "event_id": "12199",
                "start_time": "2019-03-05T18:00:00+09:00",
                "end_time": "2019-03-05T18:10:00+09:00",
                "area": {
                    "id": "130",
                    "name": "東京"
                },
                "service": {
…中略…
                "title": "ニュース　シブ５時",
                "subtitle": "▽最新のニュースをお伝えします。",
}
```

5.5.3　マイクロソフト Cognitive Service

　マイクロソフト社はAIを活用した興味深いWeb-APIをたくさん公開しています。
https://azure.microsoft.com/ja-jp/services/cognitive-services/
　試用期間は無料で試すこともできます。正式に利用するにはMicrosoft Azureのアカウントが必
要になりますが、試してみる程度であれば料金はほぼかかりません。

　無料体験のページのガイダンスに沿ってComputer Vision用のAPIキーを取得してください。

Microsoft Azure のアカウントを持っている場合は以下の手順で API キーを取得できます。

https://portal.azure.com

からログインし、リソースの作成→AI+Machine Learning→Computer Vision と進みます。

・Name：API を識別する名前、任意の名前を付けます
・サブスクリプション：Azure 契約時のプランから選択します
・場所：東日本
・価格レベル：F0
・Resource Group：今回作成したリソースを管理するグループ（グループがまだない場合は新規作成ボタンから任意の名前でグループを作成します）

これらの情報を入力し、作成ボタンを押下します。

　しばらくするとリソースの作成が完了します。画面左のダッシュボード、もしくはすべてのリソースなどから、今回作成したリソースを探します。以下のような画面が表示され、その中の Keys という項目を選択します。API を利用するためのアプリケーションキー（KEY 1、KEY 2 どちらでも利用できます）が表示されます。

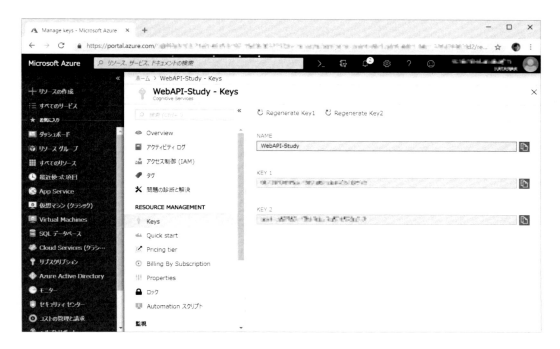

APIの使い方は、Quick Start→Computer Vision API referenceから参照できます。
今回は東日本を選択したのでベースURLは以下のようになります。

https://japaneast.api.cognitive.microsoft.com/vision/v2.0/analyze

●主なクエリパラメータ

パラメータ名	タイプ	説明
visualFeatures	string	何を検出するかカンマ区切りのキーワードで指定します。Categories, Tags, Description, Faces, ImageType, Color, Adultが指定可能
details	string	著名人や著名な場所を検出するか指定します。Celebrities, Landmarksが指定可能
language	string	en（英語）、zh（中国語）が指定可能

CognitiveサービスではHTTPヘッダにAPIキーを指定します。

Content-Type	application/json	ネット上のURLを指定する場合
	application/octet-stream	画像ファイルをPOSTで送信する場合
Ocp-Apim-Subscription-Key	アプリケーションキーを指定します	

　これらをPostmanでどのように指定するか見てみましょう。データを送信するためにPOSTプロトコルを使う点に注意してください。

第5章　Web-APIの基礎　149

Postmanでのアクセス

1）ネット上の画像解析 – Content-Type: application/json

まずはベースURLとクエリパラメータです。まずGETではなくPOSTを選択し、その横の入力欄にURLを記入し、パラメータとして`visualFeatures`、値に「`Categories, Tags`」を指定します。

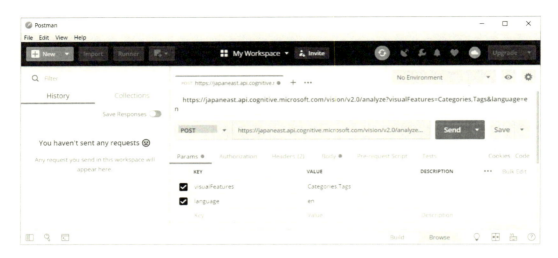

次に、Headersタブを選択し、アプリケーションキー（Ocp-Apim-Subscription-Key）とContent-Typeを入力します。Content-Typeには`application/json`と指定します。このContent-Typeはメッセージボディに格納するデータのメディアタイプを指定するものです。今回は`application/json`を選んだのでメッセージボディにはJSONを記述することになります。

Bodyタブ→rawを選択し、その横にあるプルダウンメニューからJSON（`application/json`）を選択し、以下のように入力領域に画像のURLを記述します。

{"url":"https://find47.jp/uploads/image_file/content/000/000/077/web.jpg"}

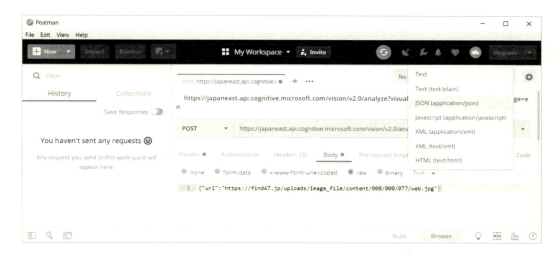

これでSENDボタンを押下してサーバにリクエストを送信します。
レスポンス領域に画像を認識した結果が表示されます。

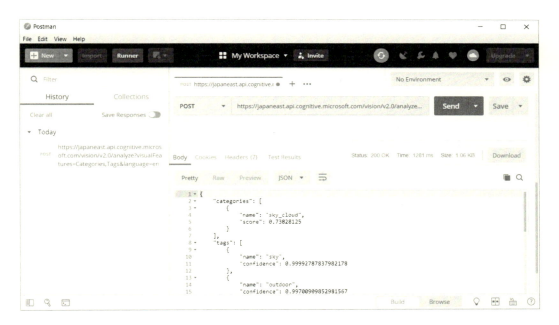

今回の画像は以下のように雲の上の橋という風景です。

レスポンスは以下のようになっていました。

```
{
    "categories": [
        {
            "name": "sky_cloud",
            "score": 0.73828125
        }
    ],
    "tags": [
        {
            "name": "sky",
            "confidence": 0.99992787837982178
        },
        {
            "name": "outdoor",
            "confidence": 0.99700909852981567
        },
...
```

カテゴリはsky_cloud、タグとしてはskyおよびoutdoorという値のconfidence（自信）が高い数値となっています。すなわち、"屋外の空の写真である可能性が高い"と認識されており、正しい結果が得られていることがわかります。

2）ローカルの画像解析 – Content-Type: application/octet-stream

　ローカルの画像をアップロードするのでGETではなくPOSTを選択します。ベースURLは先ほどと同じです。ParamsタブではvisualFeaturesパラメータを指定します。値は先ほどと同じく「Categories, Tags」を指定しました。

https://japaneast.api.cognitive.microsoft.com/vision/v2.0/analyze

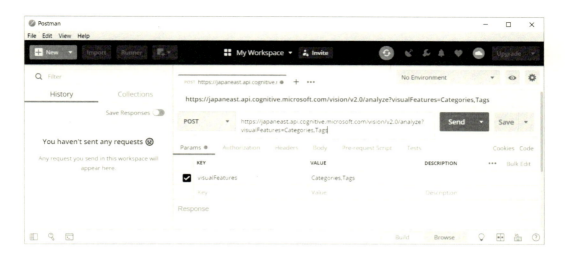

次に、Headersタブを選択し、Content-Typeにapplication/octet-streamと記述します。octet-streamとはバイト列のことで画像などのバイナリ形式のファイルをアップロードするときに使われるメディアタイプです。

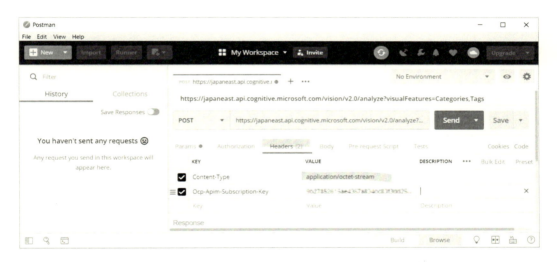

最後にBodyタブを選び、binaryを選択し、アップロードするファイルを選択します。

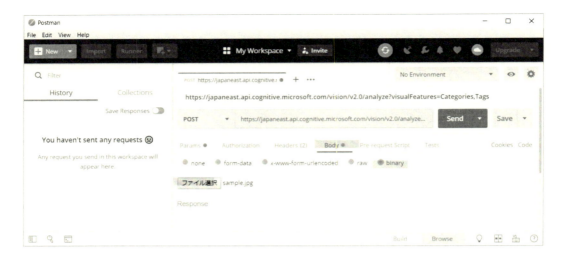

Sendを押下するとファイルがアップロードされ、認識結果が表示されます。

このようにPOSTでデータを送る際には、メッセージボディの内容に応じてContent-Typeを適切に設定することが大切です。

Pythonでのアクセス

Pythonを使ってHTTPヘッダにキーやContent-Typeを指定して、JSONやファイルをアップロードしてみましょう。

1）ネット上の画像解析 – Content-Type: application/json

ネット上の画像を解析する場合、URLを示すJSON形式のテキストをPOSTで送信する必要がありました。またアプリケーションキーはクエリパラメータではなく、HTTPヘッダに記述する点にも注意してください。Pythonのプログラムは以下のようになります。

```
import requests, json

params = {
    "visualFeatures": "Categories,Tags",
}
headers = {
    "Content-Type" : "application/json",
    "Ocp-Apim-Subscription-Key" : "取得したAPIキーを指定してください"
}
payload = {
    'url': 'https://find47.jp/uploads/image_file/content/000/000/077/web.jpg'
}
```

```
r = requests.post("https://japaneast.api.cognitive.microsoft.com/vision/v2.0/
analyze",
    params = params,
    headers = headers,
    data = json.dumps(payload))

print(json.dumps(r.json(), ensure_ascii=False, indent=4))
```

　paramsがクエリパラメータです。visualFeatures=Categories,Tagsの文字列がURLの末尾に付与されます。headersがHTTPヘッダです。辞書形式のデータを作り、requests.postメソッドに渡します。アプリケーションキーとContent-Typeを指定していることに注目してください。payloadがメッセージボディでサーバに送信するテキストになります。これらの情報をrequests.postでサーバに送信すると、戻り値rが返されます。rにはサーバからの応答が含まれており、r.json()でその内容をJSON形式で取り出します。Postmanで実行したときと同じ結果が取得できることがわかります。

2）ローカルの画像解析 –　Content-Type: application/octet-stream
　ローカルにある画像ファイルをアップロードするときも処理はほぼ同じです。Content-Typeをapplication/octet-streamに変更し、ローカルのファイル（cドライブのtmpフォルダにあるsample.jpg）をopen命令で開いて読み込んでいます。

```
import requests, json

params = {
    "visualFeatures": "Categories,Tags",
}
headers = {
    "Content-Type" : "application/octet-stream",
    "Ocp-Apim-Subscription-Key" : "取得したAPIキーを指定してください"
}

with open("c:/tmp/sample.jpg", "br") as f:
    payload = f.read()

r = requests.post("https://japaneast.api.cognitive.microsoft.com/vision/v2.0/
analyze",
    params = params,
    headers = headers,
    data = payload)
```

第5章　Web-APIの基礎　155

```
print(json.dumps(r.json(), ensure_ascii=False, indent=4))
```

Web-APIの利用においては、

　・どんなパラメータをどのように指定すればよいか

　・レスポンスとして戻された値をどのように処理すればよいか

といったあたりで最初は苦労するかもしれません。いろいろ試してみると慣れるので、ぜひトライ
してみてください。

5.6 レッスン

5.6.1 天気

Weather Hacks ではお天気情報を WebAPI で公開しています。会員登録も不要で簡単に使用することができます。

http://weather.livedoor.com/weather_hacks/webservice

全国の地点 ID は以下の XML で定義されています。

http://weather.livedoor.com/forecast/rss/primary_area.xml

●課題 1

神奈川県の横浜（id=140010）の天気を取得して表示してください。レスポンスを JSON 形式にして print 関数で出力してください。

●課題 2

レスポンスの最後に天気に関する詳しいテキスト情報があります。その部分だけを抜き出して出力してください。文章中に\nという改行文字がありますが、改行文字は削除してください。Python の文字列で置換を行う場合は replace メソッドを使います。

●課題 3

今日と明日の天気を表示してください。

5.6.2 学術図書

CiNii は、論文、図書・雑誌や博士論文などの学術情報で検索できるデータベース・サービスです。だれでもユーザー登録せずに利用できます。

https://ci.nii.ac.jp

今回は書籍情報の検索をしてみましょう。仕様は以下の URL にあります。

https://support.nii.ac.jp/ja/cib/api/b_json

●課題 4

以下の URL（NII 書誌 ID：BB25575965）から書籍名と、この書籍を有する図書館一覧を表示してください。以下の URL から情報を取得します。

https://ci.nii.ac.jp/ncid/BB25575965.json

第 5 章　Web-API の基礎 | 157

●課題5

以下のURLに記載されている使用を参考に、Pythonに関連する書籍のタイトルを100冊分表示してください。フリーワードのパラメータ q、フォーマット指定の format パラメータ、結果数の count パラメータを使用します。

https://support.nii.ac.jp/ja/cib/api/b_opensearch

第6章　Bootstrapの基礎

一昔前は「ネットサーフィン＝パソコン」というのが当たり前でした。今はPCだけでなく、スマホ、タブレット、TVなどさまざまなデバイスからインターネットに接続できるようになりました。デバイスによって画面サイズが異なります。どのデバイスでも読みやすいようにコンテンツをレイアウトすることが重要です。

6.1 メディアクエリ

PC、スマホ、プリンタ、タブレットなどさまざまなデバイスが登場してきました。メディアクエリとはデバイスに応じてCSSを切り替える仕組みです。最近はメディアクエリを直接記述する機会は減っていますが、その原理がどのようになっているか理解することは大切です。

　以前はPC用のHTML、スマホ用のHTMLと別々に実装することも珍しくありませんでした。それぞれに別のページを作るのは面倒でコストがかかります。1つのページをさまざまなデバイスで使いまわせるようになれば便利です。そのような背景を受けて、CSSにメディアクエリという仕様が追加されました。画面の幅に応じて適用するスタイル（フォントサイズや表示する内容）を変化させることができます。以下のサンプルをご覧ください。

```
<!DOCTYPE html>
<html lang="ja">

<head>
    <meta charset="UTF-8">
    <title>CSS Media Query</title>
    <style>
        h1 { color: red; }
        p.overview { font-size: 12px; }
        p.detail { visibility: hidden; }

        @media (min-width: 576px) {
            h1 { color: orange; }
            p.overview { font-size: 16px; }
            p.detail { visibility: hidden; }
        }

        /* Medium devices (tablets, 768px and up) */
        @media (min-width: 768px) {
            h1 { color: purple; }
            p.overview { font-size: 20px; }
            p.detail { visibility: visible; }
        }
```

160 ｜ 第6章　Bootstrapの基礎

```
        /* Large devices (desktops, 992px and up) */
        @media (min-width: 992px) {
            h1 { color: green; }
            p.overview { font-size: 24px; }
            p.detail { visibility: visible; }
        }


        /* Extra large devices (large desktops, 1200px and up) */
        @media (min-width: 1200px) {
            h1 { color: blue; }
            p.overview { font-size: 30px; }
            p.detail { visibility: visible; }
        }
    </style>
</head>

<body>
    <h1>メディアクエリ テスト</h1>
    <p class="overview">
        メディアクエリは画面の解像度といった条件に対応して
        コンテンツの描画が行えるようにするCSS3のモジュールである。
    </p>
    <p class="detail">
        メディアタイプはHTML文書の先頭で
        <link>要素の中で"media"属性を使って宣言できる。
        どのデバイスでリンクされた文書が表示されるかが"media"属性の値で指定される。
        またメディアタイプはXML処理命令の @import at-rule や
        @media at-rule で定義することもできる。
        CSS2ではこれらがメディアタイプとして定義されている
    </p>
</body>

</html>
```

メディアクエリはスタイルの中で以下のように記述します。

```
        @media (min-width: 1200px) {
            スタイルの指定
        }
```

これは、ウインドウのサイズが1200pxよりも大きい時に内側のスタイルが適用されることを意味

します。実際にウインドウのサイズを変化させると表示内容が変わることを確認できます。見出しの色が変わるだけでなく、フォントサイズが変化し、要素が表示されたり非表示になったりします。

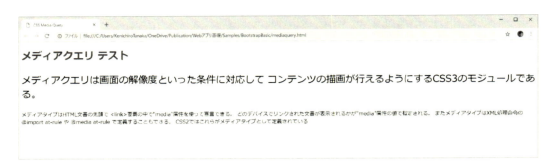

　このようにウインドウの幅に合わせてCSS特性を指定すれば、単一のページでもPC用、スマホ用、タブレット用と最適の表示にすることが可能です。しかし、メディアクエリの記述方法は簡単とは言えません。そこでフレームワークの出番です。Bootstrap、Materialize、Buefy、Bulma、……今となってはいろいろなフレームワークが利用可能です。その中でも歴史が古く、他のフレームワークにも多大な影響を与えているBootstrapをとりあげます。

6.2　Bootstrapとは

CSSには数多くの特性が含まれており、全てを把握するのは容易ではありません。BootstrapはCSSの豊かな表現を簡単に記述するためのライブラリです。CSSフレームワークの先駆けともいえるBootstrapは、他のCSSフレームワークにも大きな影響を与えています。

　BootstrapはWebコンテンツ作成用のCSSフレームワークです。もともとはTwitter社で実装されたものでしたが、現在はオープンソースで公開されています。
　　・レスポンシブ対応（画面サイズに合わせて見やすくレイアウトすること）
　　・柔軟なレイアウト
　　・豊富なコンポーネント
などの特徴があるため幅広く利用されています。本書では、Bootstrapの基本的な使い方、レイアウト、コントロールについて説明するにとどめます。基本をマスターすれば、スムーズに学習を進められるだけでなく、他のCSSフレームワークに取り組む際にも役に立つでしょう。

6.2.1　グリッドレイアウトの考え方

　Bootstrapで一番特徴的なのがグリッドを使ったレイアウトです。考え方は簡単です。
　　・Webページを表示する領域を縦に12等分する
　　・画面の大きさに応じて何列分の領域を占めるかclass属性で指定する
たったこれだけです。といっても言葉ではわかりづらいので図を使って説明します。
　ウインドウが常に12列に等分されていると仮定してください。画面に3カラムのコンテンツがあったとします。それぞれのカラムは4列分の幅を占めています。

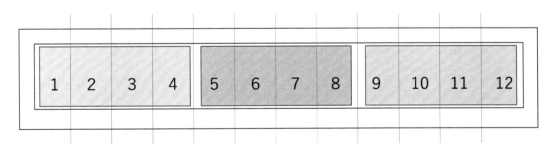

　従来のページでは、ウインドウの幅を縮めると各カラムも縮小され、見づらくなっていました。

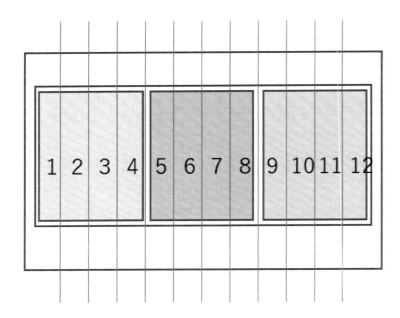

　Bootstrapはこの状況を解決します。Webページ表示領域が狭くなったら、1カラムが占める領域を増やすようにコンテンツで記述します。"画面が大きい時は4列、画面が小さいときは6列"と記述しておくと、画面が小さくなったときに表示状態は以下のように変化します。

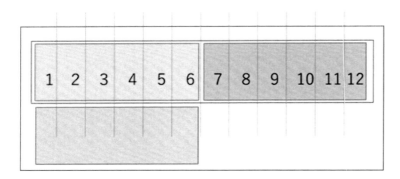

　このようにレイアウトが変化して2カラム（1カラムが6列分を占める）になればウインドウ幅が狭くなっても見づらくなることはありません。
　さらに小さくしたら、以下のように1カラム（1カラムが12列分を占める）にすることもできます。従来のように単に幅が小さくなる場合と比較すると、デバイスの画面幅に柔軟に対応できることがわかります。"画面サイズに応じてレイアウトやデザインを変更すること"をレスポンシブと呼びます。

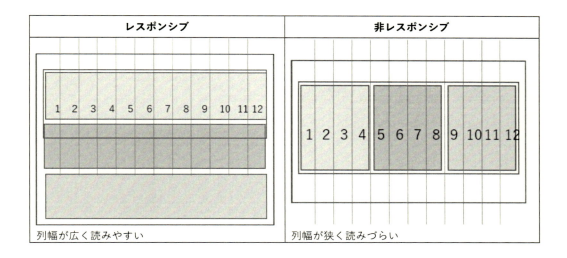

6.2.2 準備

まず、出発地点となるページを入手します。

https://getbootstrap.com/

から Documentation をクリックして、Starter template という箇所を探します。

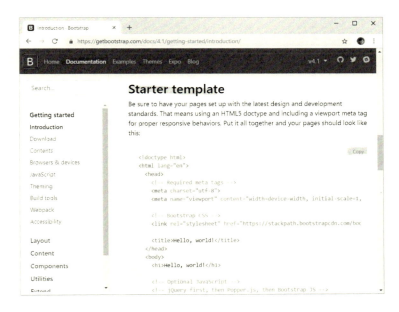

このHTMLを出発地点とします。テンプレートをコピーして保存してください。ブラウザで表示すると以下のようになります。

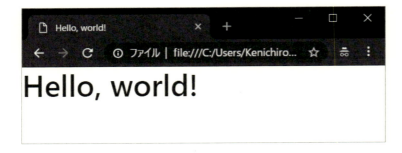

　何の変哲もない普通のHTMLのように見えますが、これからBootstrapの威力を実感していただきます。以降のサンプルはこのテンプレートの<h1>Hello, world!</h1>の部分を置き換えたものとします。

6.2.3　クラスを使った指定

　従来のHTMLではCSSを使って見た目を調整しますが、Bootstrapでは、class属性を使って見た目の設定を行います。

●Bootstrapのアプローチ（class属性）
```
<h1 class="text-primary">Hello, world!</h1>
```

●CSSインラインスタイルのアプローチ（style属性）
```
<h1 style="color:greenyellow">Hello, world!</h1>
```

6.2.4　色の指定

　前景色、背景色ともにcolor特性やbackground-color特性を直接指定するのではなく、class属性に値を追加することで設定します。

●前景色（bootstrap1.html）
```
<p><a href="#" class="text-primary">Primary link</a></p>
<p><a href="#" class="text-secondary">Secondary link</a></p>
<p><a href="#" class="text-success">Success link</a></p>
<p><a href="#" class="text-danger">Danger link</a></p>
```

```
<p><a href="#" class="text-warning">Warning link</a></p>
<p><a href="#" class="text-info">Info link</a></p>
<p><a href="#" class="text-light bg-dark">Light link</a></p>
<p><a href="#" class="text-dark">Dark link</a></p>
<p><a href="#" class="text-muted">Muted link</a></p>
<p><a href="#" class="text-white bg-dark">White link</a></p>
```

Primary link

Secondary link

Success link

Danger link

Warning link

Info link

Light link

Dark link

Muted link

White link

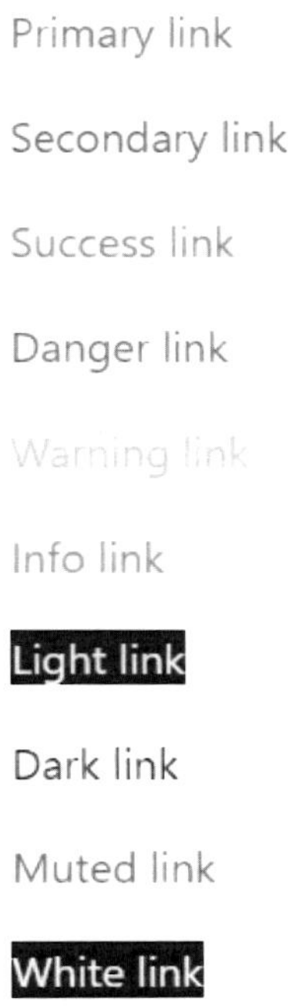

●背景色

```
<div class="p-3 mb-2 bg-primary text-white">.bg-primary</div>
<div class="p-3 mb-2 bg-secondary text-white">.bg-secondary</div>
<div class="p-3 mb-2 bg-success text-white">.bg-success</div>
<div class="p-3 mb-2 bg-danger text-white">.bg-danger</div>
<div class="p-3 mb-2 bg-warning text-dark">.bg-warning</div>
<div class="p-3 mb-2 bg-info text-white">.bg-info</div>
<div class="p-3 mb-2 bg-light text-dark">.bg-light</div>
<div class="p-3 mb-2 bg-dark text-white">.bg-dark</div>
<div class="p-3 mb-2 bg-white text-dark">.bg-white</div>
<div class="p-3 mb-2 bg-transparent text-dark">.bg-transparent</div>
```

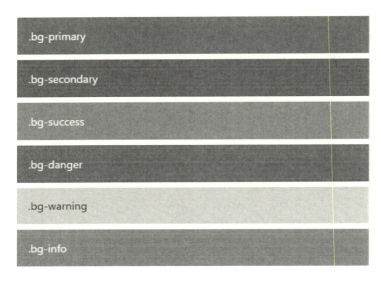

詳しくはhttps://getbootstrap.com/docs/4.1/utilities/colors/を参照してください。

6.3　グリッドレイアウト

Webページを作成するときにレイアウトは避けて通れません。スマホやタブレットの普及によりいろいろなデバイスで閲覧される機会が増えてきました。グリッドレイアウトを使用すると、デバイスの画面サイズにあわせて読みやすくレイアウトできます。

　グリッドレイアウトを使うとレスポンシブなページが簡単に記述できるだけでなく、水平垂直方向のレイアウトも簡単に指定できます。グリッドレイアウトを使用する場合、
　　1）コンテナ（container）
　　2）行（row）
　　3）列（col）
の階層構造を作ります。それぞれの要素にはdivを使用するのが一般的です。まずこの階層構造をおさえてください。

　例えば、以下のようなレイアウトにする場合、

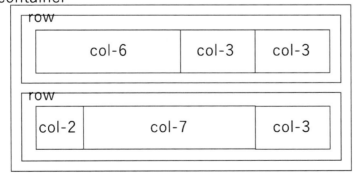

HTMLは以下のようになります。

●bootstrap2.html

```
<div class="container">
    <div class="row" style="height:50px;">
        <div class="col-6 bg-danger"></div>
        <div class="col-3 bg-warning"></div>
        <div class="col-3 bg-success"></div>
    </div>
    <br/>
    <div class="row" style="height:50px;">
        <div class="col-2 bg-danger"></div>
        <div class="col-7 bg-warning"></div>
        <div class="col-3 bg-success"></div>
    </div>
</div>
```

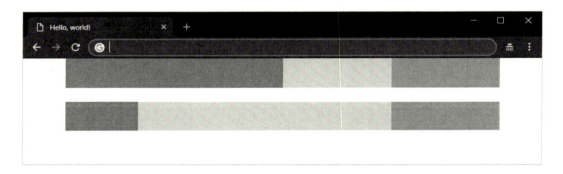

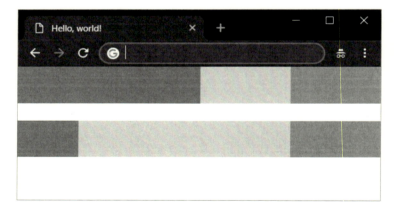

　ウインドウをリサイズしても、上段は6：3：3、下段は2：7：3の比率が保たれていることがわかります。
　一番外側のcontainerにはcontainerかcontainer-fluidのどちらかを指定します。

- **container**
  左右に余白が**つき**、ウインドウサイズに応じて幅が**離散的**に変化する
- **container-fluid**
  左右に余白が**なく**、ウインドウサイズに応じて幅が**連続的**に変化する

その内側にはclass="row"を持つdiv要素を配置します。これが1行分の領域になります。さらにその内側にclass="col-6"やclass="col-12"といったカラム指定のdivを配置します。colの後ろの数字が"何列分の範囲を占めるか"ということを意味します。これで幅の調節は簡単にできるようになりました。ただこれだけではレスポンシブにはなりません。

6.3.1　レスポンシブ

レスポンシブとはデバイスの種類やウインドウの幅に応じてレイアウトを動的に変更することですが、Bootstrapでは以下の5段階を定義しています。

	Extra small	Small	Medium	Large	Extra Large
適用サイズ	576px 未満	576px 以上	768px 以上	992px 以上	1200px 以上
Prefix	なし	sm	md	lg	xl

それぞれのサイズで列幅を指定する場合、col-[Prefix]-[数値]、というクラスを指定します。例えば、ウインドウ幅が

- 1200px 以上なら4列分（ウインドウ幅の4/12 = 1/3）
- 992px 以上なら6列分（ウインドウ幅の6/12 = 1/2）
- 768px 以上なら8列分（ウインドウ幅の8/12 = 2/3）
- 768px 未満なら12列分 (ウインドウ幅全体 12/12)

を占めるような領域は以下のように記述します。

●bootstrap3.html
```
<div class="container-fluid">
    <div class="row" style="height:50px;">
        <div class="col-12 col-md-8 col-lg-6 col-xl-4 bg-success text-white">
            HELLO Bootstrap. Responsive Grid Layout.
        </div>
    </div>
</div>
```

　ウインドウの幅が変わっても、コンテンツの占める幅はそれほど影響を受けていないことがわかります。

　画面が大きく、複数の指定があてはまる場合は一番大きなサイズ指定が優先されます。カラム数とウインドウの幅の組み合わせがいろいろあるので混乱すると思います。以下のようにコンテンツを作成するとわかりやすいかもしれません。

- 最もウインドウが狭い時のサイズを col-[数値] で記述しておく
- ウインドウが拡大時に列幅を変える場合、その列数を col-[Prefix]-[数値] で指定
- 小さいサイズから順番に書いてゆく

逆に、以下の内容を理解できていないと混乱します。

- "col-sm-4" は Small（576px）以上のときに4列なのか、未満のときに4列なのか
　Bootstrapでは常に以上です。例えば col-sm-4 と書いたとき、ウインドウ幅が576px未満だと何も書いてないのと同じです。
- "col-sm-6 col-xl-3" だとどちらの列数が適用されるのか
　どちらの条件も満たす場合は大きい方が優先されます。例えば、画面サイズが1200px以上のときはsmの条件もxlの条件も満たすので、xlが優先されて3列になります。

　例えば、PCなど画面がMedium（768px以上）の時は3列で、スマホなど画面が小さい時（576px未満）は2列で、というレイアウトは以下のように記述できます。

● bootstrap4.html

```
<div class="row">
<div class="col-6 col-md-4 bg-primary">.col-6 .col-md-4</div>
<div class="col-6 col-md-4 bg-warning">.col-6 .col-md-4</div>
<div class="col-6 col-md-4 bg-danger">.col-6 .col-md-4</div>
</div>
```

画面がmd（768px）より大きい時はcol-md-4が適用され4列分の幅（3カラム）になります。それより小さいときはcol-6が適用され、6列分すなわち2カラムとなります。

6.3.2　マージンとパディング

マージンは要素の外側の余白、パディングは要素の内側の余白です。レイアウトを微調整するときに重宝します。Bootstrapでは余白の調整もクラスを使って簡単に行うことができます。クラスは以下の文字を組み合わせて指定します。breakpointを指定することでレスポンシブな余白指定も可能です。

　　・{property}{sides}-{size} ＝ デフォルト
　　・{property}{sides}-{breakpoint}-{size} ＝ sm、md、lg、xl

propertyは以下のどちらかを指定します。
　　・m ＝マージン
　　・p ＝パディング

sidesは以下のどれかの値を指定します。
　　・t ＝上
　　・b ＝下
　　・l ＝左
　　・r ＝右
　　・x ＝左右
　　・y ＝上下
　　・未指定 ＝ 上下左右に同じ値

sizeは0〜5までの数値（数値が大きい方がサイズが大きい）かautoで指定します。

● bootstrap5.html

```
<div class="container">
  <h2>margin sample</h2>
  <div class="row justify-content-between">
      <div class="col-2 bg-info text-white  mt-2">mt-2</div>
```

```
        <div class="col-2 bg-info text-white  mb-2">mb-2</div>
        <div class="col-2 bg-info text-white  ml-2">ml-2</div>
        <div class="col-2 bg-info text-white  mr-2">mr-2</div>
        <div class="col-2 bg-info text-white  m-2">m-2</div>
    </div>
    <h2>padding sample</h2>
    <div class="row justify-content-between">
        <div class="col-2 bg-info text-white  pt-2">pt-2</div>
        <div class="col-2 bg-info text-white  pb-2">pb-2</div>
        <div class="col-2 bg-info text-white  pl-2">pl-2</div>
        <div class="col-2 bg-info text-white  pr-2">pr-2</div>
        <div class="col-2 bg-info text-white  p-2">p-2</div>
    </div>
</div>
```

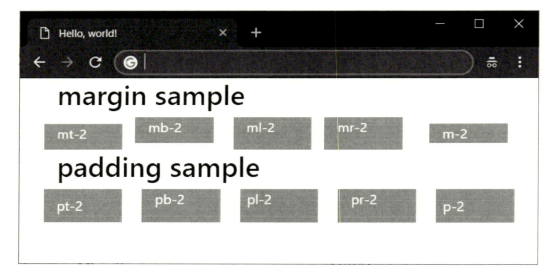

要素の周囲に余白を追加してレイアウトを調整するときには便利に使用できます。

6.3.3　要素の配置（水平）

要素を配置するときに、右寄せ・左寄せ・中央寄せなどの指定が必要になります。このとき、
　・行の中のカラムを右寄せ・左寄せ・中央寄せにするのか
　・カラムの中の文字を右寄せ・左寄せ・中央寄せにするのか
を混乱しがちです。

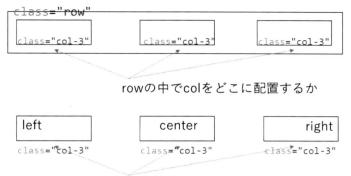

レイアウトをしているときは自分がどちらを調整したいのか（行の中のカラムの位置なのか、カラム内のテキストの位置なのか）意識することが大切です。サンプルを見てみましょう。

● bootstrap6.html

```html
<div class="container">
  <div class="row mt-2 justify-content-start">
    <div class="col-3 bg-info text-white">start</div>
  </div>
  <div class="row mt-2 justify-content-center">
    <div class="col-3 bg-info text-white">center</div>
  </div>
  <div class="row mt-2 justify-content-end">
    <div class="col-3 bg-info text-white">end</div>
  </div>
  <div class="row mt-2">
    <div class="col-3 bg-info text-white
         text-left">text-left</div>
  </div>
  <div class="row mt-2">
    <div class="col-3 bg-info text-white
         text-center">text-center</div>
  </div>
  <div class="row mt-2">
    <div class="col-3 bg-info text-white
         text-right">text-right</div>
  </div>
</div>
```

行（row）の中でカラム（col）の配置場所を指定するには、rowに以下のクラスを指定します。
- `justify-content-start` ＝ カラムを左寄せ
- `justify-content-center` ＝ カラムを中央寄せ
- `justify-content-end` ＝ カラムを右寄せ

一方、カラムの中のテキストの位置を調整するには、colと同じclassに以下のクラスを指定します。
- `text-left` ＝ カラム内でテキストを左寄せ
- `text-center` ＝ カラム内でテキストを中央寄せ
- `text-right` ＝ カラム内でテキストを右寄せ

6.3.4　要素の配置（垂直）

従来のHTML/CSSでは垂直方向の場所指定が面倒でした。Bootstrapを使用すると簡単に指定できます。こちらも、水平方向と同じように、行（row）の中の個々のカラム（col）の垂直位置を指定するのか、もしくは、行（row）の中のカラム全体を指定するのか、この違いを意識しないと混乱してしまいます。

前者は個々のカラム（col）に指定しますが、後者は行（row）と同じレベルで指定する点に注意

してください。

●bootstrap7.html

```
<div class="container">
  <div class="row border" style="min-height:100px">
    <div class="col-3 bg-info text-white
      align-self-start">start</div>
    <div class="col-3 bg-info text-white
      align-self-center">center</div>
    <div class="col-3 bg-info text-white
      align-self-end">end</div>
  </div>
  <div class="row border align-items-start"
      style="min-height:80px">
    <div class="col-6 bg-info text-white">align-items-start</div>
  </div>
  <div class="row border align-items-center"
      style="min-height:80px">
    <div class="col-6 bg-info text-white">align-items-center</div>
  </div>
  <div class="row border align-items-end"
      style="min-height:80px">
    <div class="col-6 bg-info text-white">align-items-end</div>
  </div>
</div>
```

第6章　Bootstrapの基礎　177

行（row）の中の個々のカラム（col）の垂直位置を指定するには以下のクラスを使用します。col
と同じclass属性に指定します。

・`align-self-start`　＝　行の中で上に寄せます

・`align-self-center`　＝　行の中で上下中央に配置します

・`align-self-end`　＝　行の中で下に寄せます

　一方、行（row）全体として、子要素を垂直方向のどこに寄せるかは以下のクラスを使用します。
rowと同じclass属性に指定します。

・`align-items-start`　＝　行全体として要素を上に寄せます

・`align-items-center`　＝　行全体として要素を上下中央に配置します

・`align-items-end`　＝　行全体として要素を下に寄せます

6.4 各種コンポーネント

Bootstrapは多彩なコンポーネントをサポートしています。統一感のあるコンポーネントを組み合わせることで手軽にページを作成できます。

さまざまなコントロールが簡単に使えることもBootstrapの魅力です。

6.4.1 Jumbotron

単にjumbotronというクラスを指定するだけで、ページ幅全体に広がる見出し的なデザインを作成することができます。

● bootstrap-jumbotron.html

```html
<div class="jumbotron">
    <h1 class="display-4">Hello, world!</h1>
    <p class="lead">
    This is a simple hero unit, a simple jumbotron-style component for
    calling extra attention to featured content or information.
    </p>
    <hr/>
    <p>
    It uses utility classes for typography and spacing to space
    content out within the larger container.
    </p>
    <a class="btn btn-primary" href="#">Learn more</a>
</div>
```

第6章　Bootstrapの基礎 | 179

6.4.2 Card

カードのようなレイアウトを行います。同じフォーマットで複数の情報を提示するときに適しています。

●bootstrap-card.html

```
<div class="card" style="width:20rem;">
    <div class="card-body">
    <h5 class="card-title">Special title treatment</h5>
    <p class="card-text">
        With supporting text below
        as a natural lead-in to additional content.
    </p>
    <a href="#" class="btn btn-primary">Go somewhere</a>
    </div>
</div>
```

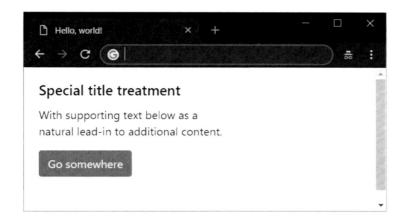

　固定の横幅にする場合は明示的に width 特性でサイズを指定します。rem は文書のルートのフォントサイズを基準にした単位です。このカードは横に並べられ画面サイズを超えると次の行に回り込みます。よって、ウインドウサイズが変わっても可読性があまり犠牲になりません。class="card" がカードレイアウトの入れ物、card-body の中に実際のコンテンツを書いていきます。card-title がタイトル、card-text が本文です。画像を挿入することもできますし、グリッドシステムと組み合わせて使うことも可能です。

```html
<div class="container">
    <div class="row">
    <div class="col-sm-6">
        <div class="card">
        <div class="card-body">
            <h5 class="card-title">Special title treatment</h5>
            <p class="card-text">
            With supporting text below
            as a natural lead-in to additional content.
            </p>
            <a href="#" class="btn btn-primary">Go somewhere</a>
        </div>
        </div>
    </div>
    <div class="col-sm-6">
        <div class="card">
        <div class="card-body">
            <h5 class="card-title">Special title treatment</h5>
            <p class="card-text">
            With supporting text below
            as a natural lead-in to additional content.
            </p>
```

```
                <a href="#" class="btn btn-primary">Go somewhere</a>
            </div>
        </div>
    </div>
    </div>
</div>
```

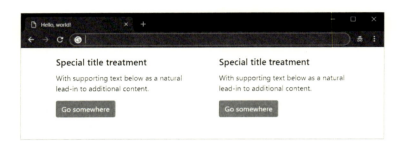

6.4.3 フォーム

inputやselect、textareaなど何らかの入力を行うための要素にclass="form-control"をつけるだけでBootstrapっぽい見た目になります。また、入力領域にはラベルを付与して、どんな内容を入力させるのか表示するのが一般的です。その場合は、説明内容をlabel要素で記述し、入力領域とラベルをclass="form-group"のdiv要素で囲みます。

●bootstrap-form.html
```
<div class="container">
  <h2>Form Sample</h2>
  <form>
    <div class="form-group">
      <label for="label1">Email address</label>
      <input type="email" class="form-control" id="label1"
        placeholder="name@example.com">
```

```html
    </div>
    <div class="form-group">
      <label for="label2">Example select</label>
      <select class="form-control" id="label2">
        <option>1</option>
        <option>2</option>
        <option>3</option>
      </select>
    </div>
    <div class="form-group">
      <label for="label3">Example multiple select</label>
      <select multiple class="form-control" id="label3">
        <option>1</option>
        <option>2</option>
        <option>3</option>
      </select>
    </div>
    <div class="form-group">
      <label for="label4">Example textarea</label>
      <textarea class="form-control" id="label4" rows="3"></textarea>
    </div>
  </form>
</div>
```

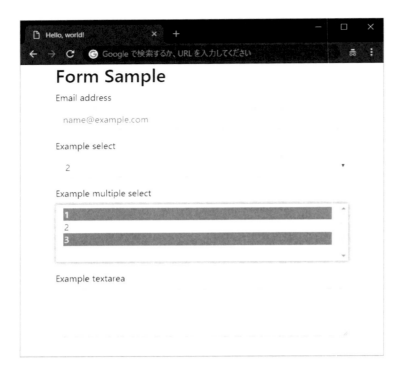

グリッドレイアウトとフォームを組み合わせるとより複雑な入力フォームも容易に構築できます。

ここまで紹介したのはBootstrapのほんの一部にすぎません。ただ、Bootstrapを使い始めるきっかけはご紹介できたと思います。どんなレイアウト、どんな部品があるかなど公式リファレンスをご覧ください。

Bootstrap以外にも多くのCSSフレームワークが使われています。

・Materialize ＝ `https://materializecss.com`
・Bulma ＝ `https://bulma.io`
・Semantic UI ＝ `https://semantic-ui.com`

Bootstrapにはないコンポーネントなどもあるので一度見てみるとよいでしょう。

6.5 レッスン

●課題1

画面が大きい時は3列、中くらいでは2列、小さい時は1列になるページを作成してください。文字は列の中央に配置してください。

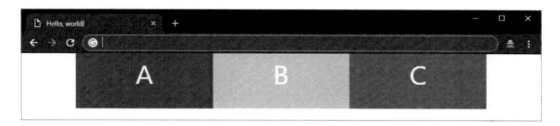

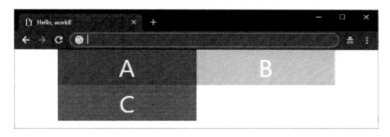

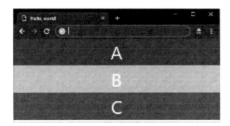

●課題2

Cardを使って12か月の紹介をするページを作成してください。

●課題3

レスポンシブなレシピのページを作成してください。

第7章　Flaskの基礎

ここまでクライアントサイド（HTML/CSS/JavaScriptなどブラウザ上で実行される技術）について説明してきました。本章ではサーバ側について説明します。サーバを実装するための技術はたくさんありますが、今回はPythonで手軽に記述できるFlaskについてご紹介します。

7.1 Flaskとは

Flask は Python で Web アプリをつくるためのフレームワークです。機能が最小限に保たれており仕様がシンプルなため、手軽に始めることができます。

7.1.1 最初のFlaskサーバ

Flask は軽量な Web アプリ用のサーバサイドフレームワークです。Web アプリのサーバをゼロから自分で作るのは大変ですが、Flask を使うと定型的なコード（英語でboilerplate codeと呼びます）を書く必要がなくなり、自分の作りたい機能の実装に注力できるようになります。

最もシンプルな Web サーバを動かしてみましょう。以下のコードを入力してください。

● flaskbasic0.py

```python
from flask import Flask
app = Flask(__name__)


@app.route("/")
def toppage():
    return "<h1>Hello World!</h1>"


if __name__ == "__main__":
    app.run()
```

入力したら以下のように「コマンドプロンプト」から実行してください。

```
c:¥WebAPI>python flaskbasic0.py
 * Serving Flask app "flaskbasic0" (lazy loading)
 * Environment: production
   WARNING: Do not use the development server in a production environment.
   Use a production WSGI server instead.
 * Debug mode: off
 * Running on http://127.0.0.1:5000/ (Press CTRL+C to quit)
```

ブラウザを立ち上げて、http://localhost:5000/と入力します。単に「Hello World!」という文字列が表示されます。上記のプログラムでtoppage関数がreturnした文字列がHTMLとして表示されていることがわかります。

188 | 第7章 Flask の基礎

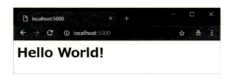

`http://localhost:5000/morning`と入力してください。「Not Found」というメッセージが表示されます。

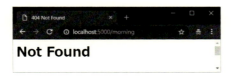

これはURLのパスの部分「morning」をどう処理すべきか、サーバがわからないためです。

7.1.2 ルーティング

Webサーバは通常いろいろなパスをリクエストとして受け取り、リクエストに応じたページをクライアントに返します。

複数のパスに対応できるよう、プログラムを以下のように修正します。

●flaskbasic1.py
```
from flask import Flask
app = Flask(__name__)

@app.route("/")
def toppage():
    return "<h1>Hello World!</h1>"


@app.route("/hello")
```

第7章 Flaskの基礎

```
def hello():
    return "<h1>こんにちは</h1>"

@app.route("/goodbye")
def goodbye():
    return "<h1>さようなら</h1>"

if __name__ == "__main__":
    app.run()
```

サーバのプログラムを再度実行すると、URLのパスによって表示が変わるようになります。

●http://localhost:5000/ と入力したとき

●http://localhost:5000/hello と入力したとき

●http://localhost:5000/goodbye と入力したとき

@app.routeで始まる行はrouteデコレータと呼ばれるものです。@app.route(パス)と記述しておくと、パスで指定されたリクエストが来たときに、デコレータに続く関数が実行されます。

つまり、以下のように、パスによって異なる関数が実行されます。このような機能はルーティングと呼ばれます。

urlのパス部分	実行される関数	ブラウザへの戻り値
/	toppage	"<h1>Hello World!</h1>"
/hello	hello	"<h1>こんにちは</h1>"
/goodbye	goodbye	"<h1>さようなら</h1>"

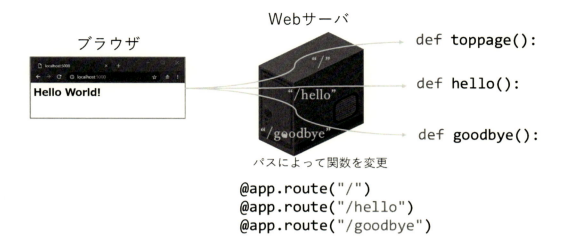

7.1.3 パス変数

FlaskではURLの一部をパス変数として受け取ることができます。

● flaskbasic2.py
```python
from flask import Flask
app = Flask(__name__)

@app.route("/upper/<s>")
def upper(s):
    return "<h1>{0}</h1>".format(s.upper())


@app.route("/square/<int:v>")
def square(v):
    return "<h1>{0}x{0}={1}</h1>".format(v,v*v)

if __name__ == "__main__":
    app.run()
```

● http://localhost:5000/upper/HelloWorld

●http://localhost:5000/square/6

　app.routeのパス指定の中に<>を記述すると、その部分がパス変数となり、直後の関数の引数としてその値を受け取ることができます。例えば、@app.route("/upper/<s>")と記述することで、/upper/に続く部分を文字列sとして受け取ります。sは文字列型なのでupperメソッドを使って大文字に変換してクライアントに返しています。

　パス変数はデフォルトで文字列型となりますが、<int:v>のように型を指定することも可能です。
　@app.route("/square/<int:v>")と記述すると/square/に続く部分をint型の変数として受け取れます。vはint型なので*で掛け算ができています。

7.1.4 パラメータ変数

　HTTPリクエストではPOST/GETを使って、パラメータをサーバに渡すことができました。このパラメータをFlaskで受け取ってみましょう。

●flaskbasic3.py

```python
from flask import Flask, request
app = Flask(__name__)

@app.route('/add', methods=['POST'])
def addpost():
    a = int(request.form['a'])
    b = int(request.form['b'])
    return '<h1>{0}+{1}={2}</h1>'.format(a,b,a+b)

@app.route('/add', methods=['GET'])
def addget():
    a = int(request.args['a'])
    b = int(request.args['b'])
    return '<h1>{0}+{1}={2}</h1>'.format(a,b,a+b)

if __name__ == "__main__":
    app.run()
```

　先頭の行でrequestオブジェクトをimportして読み込んでいることに注意してください。
　@app.routeデコレータを使い、/addというパスに対して、POST、GET、それぞれ別の関数を実装しています。addpost関数はPOST用です。POSTのパラメータはrequestオブジェクトのformプロ

パティ経由で取得します。addget関数はGET用です。GETのパラメータはrequestオブジェクトのargsプロパティ経由で取得します。argsプロパティもformプロパティも（書き換え不可の）辞書型なので["キー"]でアクセスして、値を取得します。取得した値は文字列なので、上記例ではint関数で整数に変換しています。

実験してみましょう。GETは簡単です。ブラウザのアドレスに直接値を入力します。
http://localhost:5000/add?a=3&b=2

POSTの確認にはPostmanを使ってみます。Postmanを起動し、POSTを選択し、アドレス欄にhttp://localhost:5000/addと入力します。

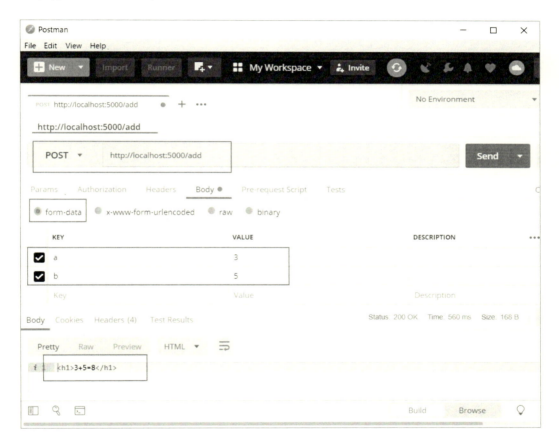

POSTの場合、送信すべきデータはHTTPリクエストのメッセージボディに入れるので、画面上部のタブからBodyを選択し、さらにform-dataを選びます。KEYとVALUEが入力できるようになるので、aとbに適当な数値を入力して、Sendボタンを押下します。するとレスポンス<h1>3+5=8</h1>

第7章　Flaskの基礎　193

のような応答が返ってくることがわかります。

ブラウザを使って確認するにはhtmlファイルを用意します。

●flaskbasic3.html
```html
<html>
<body>
    <form action="http://localhost:5000/add" method="POST">
        <input name="a" value="3">
        <input name="b" value="5">
        <input type="submit" value="submit">
    </form>
</body>
</html>
```

submitを押下する以下のように結果が表示されます。ブラウザのアドレス部分にパラメータがないことが確認できます。

GET/POSTの様子を整理すると以下のようになります。

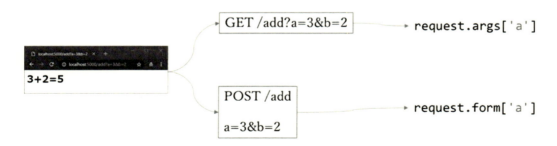

ブラウザからの情報の受け取り方として、パス変数・パラメータ変数、GET・POSTがあることを見てきました。次の節ではこれらの受け取った情報をもとにページを動的に生成する方法について説明します。

7.2 Jinjaとは

WebサーバはブラウザへWebページを返す必要がありますが、プログラミングでページを作るのは面倒な作業になりがちです。そこで、テンプレート（ひな形）を用意しておき、プログラミングで必要な箇所のみを書き換えるというアプローチが一般的です。Flaskと一緒に使われるテンプレートシステムがJinjaです。

　Flaskを使うとクライアントからのリクエストに応じて、
- ルーティングを使って適切な関数を呼び出す
- パス変数を取得する
- POST/GETのパラメータを取得する

といったことができることがわかりました。@app.routeデコレータでこれらの指定を行い、直後の関数がreturn文でHTML文字列を返します。クライアントはそのHTMLを表示しますが、複雑なページを文字列で作るのは容易ではありません。そこでJinjaというテンプレートシステムがよく使用されます。テンプレートとはひな形のことです。

　テンプレートは通常のHTMLファイルですが、置換する箇所に{{name}}のように印をつけておきます。Jinjaはその箇所を変数の値で置き換えて、FlaskはJinjaが変換した結果であるHTMLをブラウザに返します。

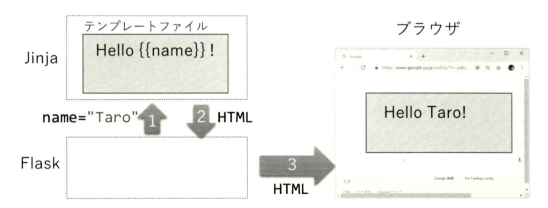

7.2.1　パラメータ

　Flaskではページを生成する際に、

```
render_template(テンプレートファイル名、パラメータ名=パラメータ値)
```

のように関数を呼び出し、その結果をHTMLページとしてブラウザに返します。テンプレートファイルは templates というフォルダに配置します。

例を見てみましょう。

● jinjabasic0.html
```
<!DOCTYPE html>
<html lang="ja">
<head>
    <meta charset="UTF-8">
    <title>Jinja</title>
</head>
<body>
    <h1>Hello {{name}}</h1>
    <h2>You are {{age}} years old</h2>
</body>
</html>
```

● jinjabasic0.py
```
from flask import Flask, render_template
app = Flask(__name__)

@app.route('/taro')
def taro():
    return render_template("jinjabasic0.html", name="Taro", age=5)

@app.route('/jiro')
def jiro():
    return render_template("jinjabasic0.html", name="Jiro", age=3)

if __name__ == "__main__":
    app.run()
```

jinjabasic0.html がテンプレートファイル、jinjabasic0.py がFlaskのファイルです。この際、

テンプレートファイルはtemplatesというフォルダに配置してください。

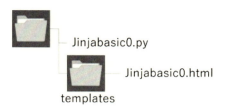

また、先頭行でflaskモジュールからrender_template関数をimportしていることに注意してください。サーバにアクセスすると以下のように表示されます。

● http://localhost:5000/taro

● http://localhost:5000/jiro

サーバのプログラムでは、以下のようにページを返しています。

```
return render_template("jinjabasic0.html", name="Taro", age=5)
```

テンプレートの中には{{name}}や{{age}}といった記述がありますが、その箇所が変数の値で置き換えられていることがわかります。

7.2.2 オブジェクト

前の例では1つの変数に1つの値を割り当てていましたが、FlaskからJinjaにはオブジェクトを渡すことも可能です。

● jinjabasic1.html

```html
<!DOCTYPE html>
<html lang="ja">
<head>
    <meta charset="UTF-8">
    <title>Jinja</title>
</head>
<body>
    <h1>Hello {{person.name}}</h1>
    <h2>You are {{person.age}} years old</h2>
</body>
</html>
```

● jinjabasic1.py

```python
from flask import Flask, render_template
app = Flask(__name__)
p0 = {"name":"Taro", "age":5}
p1 = {"name":"Jiro", "age":3}


@app.route('/taro')
def taro():
    return render_template("jinjabasic1.html", person=p0)


@app.route('/jiro')
def jiro():
    return render_template("jinjabasic1.html", person=p1)


if __name__ == "__main__":
    app.run()
```

　render_template関数で引き渡しているパラメータがpersonの1つになっています。テンプレート側では{{person.name}}のようにオブジェクトのプロパティという形式で値を参照しています。ブラウザでの挙動は前の例と全く同じです。このようにオブジェクトを引き渡すことができるので、複雑なデータをやり取りすることも可能です。

7.2.3　配列（リスト）

　検索結果一覧、価格比較一覧、書籍一覧のようにHTMLでは同じフォーマットで多く項目を繰り返し表示することが多々行われます。Jinjaはこのような状況にも柔軟に対応することができます。
　render_template関数のパラメータとして配列（リスト）を引き渡すと、HTML側では配列に含まれている要素の回数分、描画を繰り返すことが可能です。

198　　第7章　Flaskの基礎

●jinjabasic2.html
```html
<!DOCTYPE html>
<html lang="ja">
<head>
    <meta charset="UTF-8">
    <title>Jinja</title>
</head>
<body>
    <ul>
        {% for item in data %}
        <li>{{item}}</li>
        {% endfor %}
    </ul>
</body>
</html>
```

●jinjabasic2.py
```python
from flask import Flask, render_template
app = Flask(__name__)

seasons = ["spring", "summer", "autumn", "winter"]

@app.route('/')
def toppage():
    return render_template("jinjabasic2.html", data=seasons)

if __name__ == "__main__":
    app.run()
```

http://localhost:5000にアクセスすると以下のように表示されます。

render_templateはリストseasonsをdataというパラメータ名でテンプレートjinjabasic2.htmlに引き渡しています。テンプレート側の記述を見てみましょう。

```
{% for item in data %}
<li>{{item}}</li>
{% endfor %}
```

{% … %}はJinja用の制御コマンドです。{% for ループ変数 in リスト %}はリストから要素を1つずつ取り出してループ変数に格納し、{% endfor %}までの範囲を繰り返して出力します。ループ変数には個々の要素が格納されます。今回の例ではspring，summer，……といった値がitemリストに格納されるので、<li>{{item}}</li>でリストの要素として出力しています。

Bootstrapを使って少し見栄えの良い例を作ってみましょう。BootstrapのサンプルにあったAlbumを修正してみました。

画像ファイルはPythonファイルと同じ階層にstaticというフォルダを設け、その下のimagesフォルダに配置しました。

●jinjasample0.html
```
<!doctype html>
<html lang="en">

<head>
  <!-- Required meta tags -->
  <meta charset="utf-8">
  <meta name="viewport" content="width=device-width, initial-scale=1, shrink-to-fit=no">
```

```html
    <!-- Bootstrap CSS -->
    <link rel="stylesheet" href="https://stackpath.bootstrapcdn.com/bootstrap
/4.1.3/css/bootstrap.min.css" integrity="sha384-MCw98/SFnGE8fJT3GXwEOngsV7Zt27NXF
oaoApmYm81iuXoPkFOJwJ8ERdknLPMO"
    crossorigin="anonymous">
    <title>Flask Jinja Album</title>
</head>

<body>
  <main role="main">

    <section class="jumbotron text-center">
      <div class="container">
        <h1 class="jumbotron-heading">Yokohama</h1>
        <p class="lead text-muted">scenary views of Minato Mirai area</p>
        <p>
          <a href="#" class="btn btn-primary my-2">Main call to action</a>
          <a href="#" class="btn btn-secondary my-2">Secondary action</a>
        </p>
      </div>
    </section>

    <div class="album py-5 bg-light">
      <div class="container">
        <div class="row">
          {% for item in data %}
          <div class="col-md-4">
            <div class="card mb-4 shadow-sm">
              <img class="card-img-top" src="/static/images/{{item.picture}}">
              <div class="card-body">
                <p class="card-text">{{item.comment}}</p>
                <div class="d-flex justify-content-between align-items-center">
                  <div class="btn-group">
                    <button type="button"
                      class="btn btn-sm btn-outline-secondary">View</button>
                    <button type="button"
                      class="btn btn-sm btn-outline-secondary">Edit</button>
                  </div>
                  <small class="text-muted">{{item.likes}} likes</small>
                </div>
```

第 7 章　Flask の基礎　201

```
            </div>
          </div>
        </div>
        {% endfor %}
      </div>
    </div>
  </div>

</main>

<!-- Optional JavaScript -->
<!-- jQuery first, then Popper.js, then Bootstrap JS -->
<script src="https://code.jquery.com/jquery-3.3.1.slim.min.js" integrity
="sha384-q8i/X+965DzO0rT7abK41JStQIAqVgRVzpbzo5smXKp4YfRvH+8abtTE1Pi6jizo"
    crossorigin="anonymous"></script>
<script src="https://cdnjs.cloudflare.com/ajax/libs/popper.js/1.14.3/umd
/popper.min.js" integrity="sha384-ZMP7rVo3mIykV+2+9J3UJ46jBk0WLaUAdn689aC
woqbBJiSnjAK/l8WvCWPIPm49"
    crossorigin="anonymous"></script>
<script src="https://stackpath.bootstrapcdn.com/bootstrap/4.1.3/js/
bootstrap.min.js" integrity="sha384-ChfqqxuZUCnJSK3+MXmPNIyE6ZbWh2IMqE241
rYiqJxyMiZ6OW/JmZQ5stwEULTy"
    crossorigin="anonymous"></script>
</body>

</html>
```

●jinjasample0.py

```
from flask import Flask, render_template
app = Flask(__name__)


cards = [
    {"picture":"pic0.jpg", "likes":3,
        "comment":"晴れた日の横浜港を対岸から臨む"},
    {"picture":"pic1.jpg", "likes":5,
        "comment":"富士山を背景としたみなとみらい"},
    {"picture":"pic2.jpg", "likes":8,
        "comment":"夕暮れ時のみなとみらいの風景"},
    {"picture":"pic3.jpg", "likes":4,
        "comment":"ランドマークタワーの日没直後"},
    {"picture":"pic4.jpg", "likes":13,
```

202 | 第7章 Flaskの基礎

```
        "comment":"秋の日のみなとみらい街中の様子"},
]

@app.route('/')
def toppage():
    return render_template("jinjasample0.html", data=cards)

if __name__ == "__main__":
    app.run(debug=True)
```

テンプレートが複雑そうに見えますが、肝となるのは以下の箇所だけです。

```
    {% for item in data %}
...
    <img class="card-img-top" src="/static/images/{{item.picture}}">
...
        <p class="card-text">{{item.comment}}</p>
...
        <small class="text-muted">{{item.likes}} likes</small>
...
    {% endfor %}
```

Flaskから受け取ったdataはリストなのでfor文で繰り返し要素を取り出し、ループ変数itemに代入しています。あとは、itemのpicture、comment、likesプロパティを取り出して、適切な箇所で参照しているだけです。

7.2.4　if else文

Jinjaではプログラミング言語のように条件式を記述することも可能です。

```
{% if 条件1 %}
    条件1成立時の記述
{% elif 条件2 %}
    条件2成立時の記述
{% else %}
    それ以外
{% endif %}
```

この条件式を使用すると、同じテンプレートを状況に応じて使い分けることが可能になります。if～elseを使って同じテンプレートを使いまわすサンプルを見てみましょう。

第7章　Flaskの基礎 ｜ 203

● jinjabasic3.py

```python
from flask import Flask, render_template, request
app = Flask(__name__)

@app.route('/')
def index():
  return render_template("jinjabasic3.html")

@app.route('/hello')
def hello():
  s = request.args['name']
  return render_template("jinjabasic3.html", name=s)

if __name__ == "__main__":
    app.run(debug=True)
```

● jinjabasic3.html

```html
<!DOCTYPE html>
<html lang="ja">
<head>
  <meta charset="UTF-8">
  <title>Jinja if-else</title>
</head>
<body>
  {% if name %}
  <h1>Hello {{name}}</h1>
  {% else %}
  <h1>please input your name</h1>
  <form action="/hello" method="GET">
    <input name="name"/>
    <input type="submit"/>
  </form>
  {% endif %}
</body>
</html>
```

jinjabasic3.pyは/と/helloという2つのルートで待機するサーバです。いずれも
jinjabasic3.htmlをテンプレートとして使用しています。
　　・ルートが/　=　render_template("jinjabasic3.html")
　　・ルートが/hello　=　render_template("jinjabasic3.html", name=s)
　jinjabasic3ではパラメータnameの有無によって出力する内容を変化させています。nameがある

204 　第7章　Flask の基礎

ときはh1タグを使って「Hello」と挨拶し、ないときはnameの入力を促すinputを表示しています。

```
{% if name %}
<h1>Hello {{name}}</h1>   ←nameが定義されているとき
{% else %}
<h1>please input your name</h1>   ←nameが定義されていないとき
<form action="/hello" method="GET">
  <input name="name"/>
  <input type="submit">
</form>
{% endif %}
```

ここまでFlask/Jinjaの機能の一部を紹介しました。それでもFlask/Jinjaが強力なツールであることは伝わったと思います。

7.3 レッスン

●**課題1**

パラメータ文字を大文字・小文字に変換するルートを持つサーバを作成してください。

  ・`http://localhost:5000/upper/HelloWorld` → `HELLOWORLD`

  ・`http://localhost:5000/lower/HelloWorld` → `helloworld`

●**課題2**

郵便番号Web-API（`http://zipcloud.ibsnet.co.jp/doc/api`）を使用して、郵便番号を入力したら住所を返すサーバを作成してください。

●**課題3**

CiNiiのWebサービスを利用して、入力された単語に関連する書籍一覧ページを返すサーバを作成してください。

●**課題4**

Bootstrapを使用して課題3を見栄えの良いページにしてください。

第8章　Cookieとセッション・REST

◉

HTTPは「クライアントがリクエストをサーバに送り、サーバが
レスポンスをクライアントに返す」というシンプルな仕様です。
HTTPは普及するにつれ、仕様策定当初には想定されていなかっ
た用途（Webショッピング、ターゲット広告、チケット予約など）
にも使われ始めました。これらの用途を実装するにはセッション
のサポートが欠かせません。本章ではセッションとそれを支える
技術であるCookie、さらにRESTfulという考え方について説明
します。

8.1 Cookieとセッション

ブラウザでいろいろなページを見ているとCookieへのアクセスを求められることがあります。内容を理解しないままアクセスを許可することに不安を覚えるかもしれません。ここではCookieがどのようなものか詳しく見てみます。

8.1.1 ステートレスとステートフル

　HTTPでサービスを実装するとき、"ステート"という概念がとても重要になります。ステートとは"状態"という意味なので、
- ステートレス＝"状態を持たない"
- ステートフル＝"状態を保持する"

ということになります。これらは、具体的にどのようなことを意味するのでしょうか。例を使って説明します。

　ステートレスとはコンビニでの買い物のようなイメージです。買いたいものをレジに持って行ってお金を払うだけです。いつ行っても同じサービスが受けられます。昨日ジュースを買ったから、今日はパンを薦められる、そんなことはありません。

　一方、ステートフルとは歯医者のようなイメージです。初回に診察してもらい、次回虫歯を削って型を取り、その次の回で詰め物を入れて、最終回で歯石をとってという具合です。これまでどのような診療を行ったかはすべてカルテに記載されており、その内容に応じて治療が行われます。

　つまり、サービスを受けるたびに、
- ステートレス＝以前の状態に依存しない
- ステートフル＝以前の状態に依存する

という違いがあるのです。もともと、HTTPはステートレスなプロトコルでした。クライアントはWebサーバに接続してリクエストを送ります。サーバはそのリクエストに応じたレスポンスを返します。

シンプルでわかりやすいステートレスなプロトコルですが、それが問題になるケースがあります。Webショッピングを考えてみましょう。下左図にあるように、ある人が、買い物リストを取得し、そこから商品をバスケットに追加し、最後に決済しています。同じ人であれば問題ありませんが、複数の人が同時にアクセスすると、下右図のようにだれが何を注文しているのかわからなくなってしまいます。

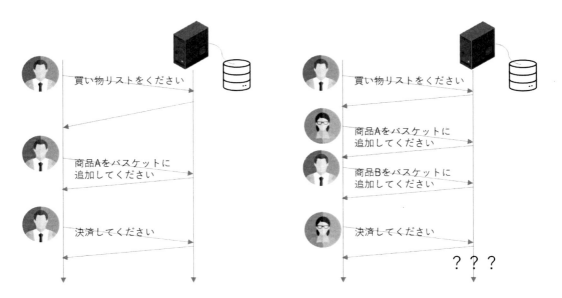

これはユーザーごとのステート（状態）を管理していないことが原因です。同じ商品リストのページが要求されてもAさんとBさんでは違う内容を表示したいはずです。Aさんが買ったものがBさんに届いたら大問題です。ステートレスのプロトコルだけではこのような要件を満たすことはできません。

そこで、ブラウザとサーバの間で状態を管理するためのCookieという仕組みが導入されました。なぜCookie（クッキー）という名前がついたか、フォーチュンクッキーのように中にメッセージが含まれているから、UNIXのMagic Cookieという用語を参考にしたから、ヘンゼルとグレーテルが道筋を残すためにクッキーを使ったからなど諸説あるようです。

8.1.2　Cookieを見る

実際にCookieがどのようなものか見てみましょう。ブラウザを起動して適当なサイトを表示してデベロッパーツールを開き、Applicationタブを開き、その中のStorageの下にあるCookiesを見てください。

NameがCookieの名前、ValueがCookieの値です。このようにCookieの正体は

　　名前1＝値1、名前2＝値2、名前3＝値3、…

という単なるテキストにすぎません。別のサイトを見てみましょう。

Cookieの名前も値も全く異なることがわかります。

このようにCookieというのは
　・ブラウザの中に保存されており、
　・NameとValueから構成されたテキストであり
　・ドメインごとに独立して管理されている
という特徴を持っています。

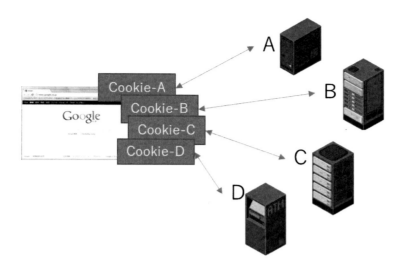

　Chromeの場合、アドレス欄にchrome://settings入力すると各種設定画面が表示されますが、その中の詳細設定をたどるとCookieを削除できることがわかります。このことからも、Cookieはブラウザの一部として保存されていることがわかります。

8.1.3　Cookieの動作手順

　Cookieがどのようなものか分かったところで、その動作手順を見てみましょう。

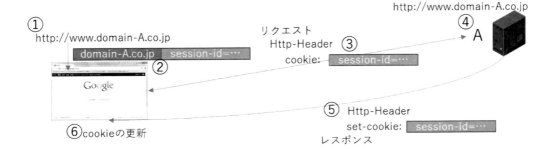

1. アドレスバーにURLを入力します。
2. ブラウザはドメインに該当するCookieを探して取得します。
3. ブラウザはサーバへリクエストを送信します
    A) Cookieが見つかった場合（以前に接続したことがある場合）
       CookieをリクエストのHTTP-Header（cookie）に格納してサーバへ送信します。
    B) Cookieが見つからなかった場合（サーバに最初に接続する場合）
       通常のHTTPリクエストとしてサーバへ送信します。
4. サーバはHTTP-HeaderにCookieがある場合、それに応じた処理を行います。Cookieが見つからない場合は初めて接続したときの接続の処理を行います。
5. 作成したページをレスポンスとしてクライアントに返します。必要に応じてCookieを作成・更新し、HTTP-Header（set-cookie）を格納してクライアントへ返信します。
6. ブラウザはサーバから受け取ったset-cookieヘッダをローカルのCookieに保存します。

実際にCookieがどのようにサーバに送信されているのか見てみましょう。以下はYahoo! Japanのサイトをブラウズしているときのデベロッパーツールの様子です。

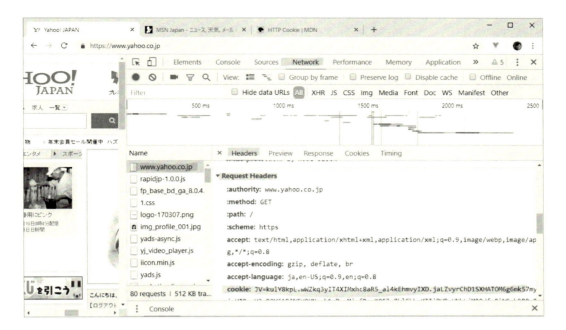

　デベロッパーツールのNetworkタブを開き、ページを再読み込みすると大量のファイルが読み込まれる様子が確認できます。その先頭のファイルをクリックして、Headersの中のRequest Headersを見るとcookieというヘッダがあります。これがCookieの正体です。リクエストなのでブラウザからサーバへ送っている内容となります。

　さらに、Headersの上部にあるResponse Headersを見るとset-cookieという項目があることがわかります。これがサーバから送られてきたCookie情報になります。set-cookieはレスポンスに含まれているため、サーバから送られてブラウザに設定される内容となります。cookieやset-cookieの有無やその内容は、ユーザーの状態やサーバの設定によって異なるため本書と同じにはなりません。

第8章　Cookieとセッション・REST　213

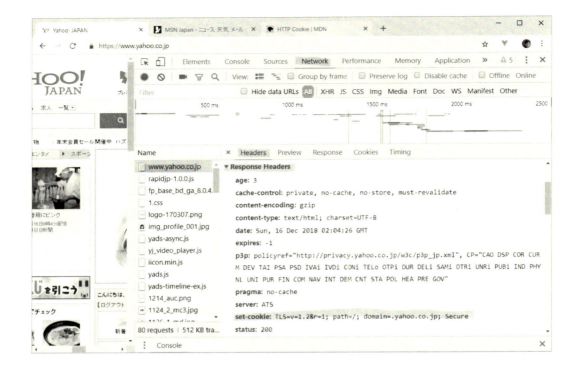

8.1.4　Cookieカウンタ

　Cookieの概要がわかったところで、簡単なWebサーバを作成して、自分でCookieを操作してみましょう。以下のファイルを実行して、ブラウザから`http://localhost:5000`でアクセスしてください。

●CookieCounter.py
```python
from flask import Flask, request, make_response
app = Flask(__name__)

@app.route('/')
def index():
    c = 0
    if 'count' in request.cookies:
        c = int(request.cookies['count'])
    c += 1
    content = 'your count is {0}'.format(c)

    max_age = 60 * 60 * 24   # 24 hours
    response = make_response(content)
    response.set_cookie('count', str(c), max_age=max_age)
```

```
        return response

if __name__ == "__main__":
    app.run(debug=True)
```

　ページをリロードする度に数値が増えていきます。ブラウザを終了してから再度起動して試しても、以前のカウンタ値が保持されていることがわかります。以前の状態を保持している、すなわち、Cookie を使用することでステートフルになっていることがわかります。
　リクエストとレスポンスを見てみましょう。Request（リクエスト）には `Cookie: count=9` が、Response（レスポンス）には `Set-Cookie: count=10; …` と HTTP ヘッダが設定されていることが確認できます。

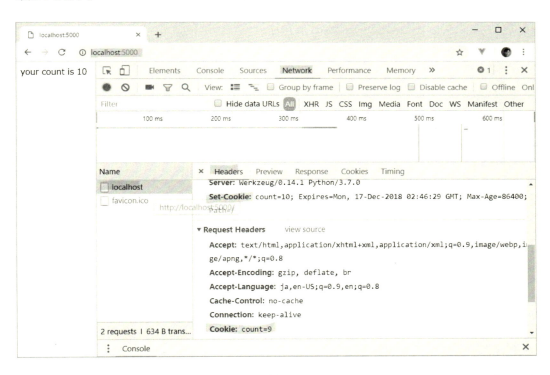

　サーバのプログラムでは、`@app.route('/')` と修飾しているので、`http://localhost:5000` とアクセスされたときに index 関数が呼ばれます。Flask では、クライアントからの Cookie は `request.cookies` に格納されます。もし、その中に 'count' という名前があれば、その値を `request.cookies['count']`

第 8 章　Cookie とセッション・REST　　215

で取得し、数値に変換して1増やし、変数cに格納します。もし'count'という名前がない場合、cは0となります。

クライアントへの応答はresponse = make_response(content)で作成し、以下の行で、'count'という名前に数値cを文字列に変換してCookieに設定しています。max_ageはCookieの有効期限です。24時間に設定しています。

```
response.set_cookie('count', str(c), max_age=max_age)
```

8.1.5　Fakeログイン

もう少しCookieのイメージを持っていただくため別のサンプルを作ってみました。サーバを稼働してhttp://localhost:5000にアクセスすると以下のようなログイン画面が表示されます。

名前を入力してloginをクリックするとログイン済み画面が表示されます。

ブラウザを終了して再度立ち上げてhttp://localhost:5000にアクセスすると、同じ画面が表示されます。logoutボタンを押下すると最初のページに戻ります。

まずサーバです。

● FakeLogin.py
```
from flask import Flask, request, make_response, render_template
app = Flask(__name__)

@app.route('/')
def index(name=''):
    if 'name' in request.cookies:
        name = request.cookies['name']
```

```python
    return render_template("fakelogin.html", account=name)

@app.route('/login', methods=['GET'])
def login():
    name = request.args['name']
    content = render_template("fakelogin.html", account=name)
    res = make_response(content)
    res.set_cookie('name', name, max_age=60*60*24)
    return res

@app.route('/logout', methods=['GET'])
def logout():
    content = render_template("fakelogin.html", account='')
    res = make_response(content)
    res.set_cookie('name', '', max_age=0)
    return res

if __name__ == "__main__":
    app.run(debug=True)
```

/、/login、/logoutの3つのパスを処理しています。それぞれのパスへのアクセスがあるとindex、login、logoutという関数を呼び出します。Cookieの情報はrequestオブジェクトのcookiesプロパティに格納されます。Cookieに設定するにはリクエストオブジェクトのset_cookieメソッドを使用します。

index関数ではnameという名前のCookieがあるか調べ、変数nameに格納します。あとはrender_templateを使ってfakelogin.htmlを返しています。

login関数ではリクエストのクエリパラメータからnameの値を取得します。また、make_responseを使いレスポンスオブジェクトを作成し、そのset_cookieメソッドを使ってCookieを設定しています。max_ageに60*60*24という数値を与えているので有効期限は1日となります。

logout関数はログアウトの処理を行います。accountパラメータを空文字の状態でテンプレートを作成し、set_cookieの引数で、値を空文字列、max_age=0とすることでCookieを無効化しています。

いずれの場合もテンプレートへのパラメータとしてaccountを渡していることに注目してください。

テンプレートfakelogin.htmlは以下の通りです。

●fakelogin.html

```html
<!DOCTYPE html>
<html lang="ja">
<head>
```

```
    <meta charset="UTF-8">
    <title>Fake Login</title>
</head>
<body>
    <h1>Welcome {{account}}</h1>
    {% if account %}
    <form action="http://localhost:5000/logout" action="GET">
        <input value="logout" type="submit">
    </form>
    {% else %}
    <form action="http://localhost:5000/login" action="GET">
        name:<input name="name">
        <input value="login" type="submit">
    </form>
    {% endif %}
</body>
</html>
```

　このテンプレートが受け取るパラメータはaccountの1つだけです。{{account}}でその値を表示しています。Jinjaではパラメータの有無で出力の有無を切り替えることができます。

```
    {% if パラメータ %}
        パラメータがあるときに出力される内容
    {% else %}
        パラメータがないときに出力される内容
    {% endif %}
```

　このif～else～endifを使って、accountの有無によって出力を切り替えています。accountがある場合は、logoutのフォームを、そうでないときはloginのフォームを出力しています。それぞれactionのパスが異なっていることに注目してください。

8.2 RESTfulサービス

Web-APIは自由度が高くいろいろな使い方ができます。そのなかで、特定のルールに沿ったAPIを規定しようという動きもあります。その中でも代表的なRESTfulについて見てみましょう。

　複雑なWebサービスを実現するにはステートを管理する必要があり、cookieを使って実装する方法について見てきました。セッションは便利な反面、サーバの実装が複雑になります。そこで、セッション管理に必要な情報をURLの中に含め、「クライアントとサーバとのやり取りはステートレスにする」というアプローチが提唱されるようになりました。このアプローチはREST（REpresentational State Transfer）として知られています。

8.2.1 RESTの4原則

　RESTは以下の4つの原則に準拠するとされています。Web技術を使ってこのRESTの原則をどのように実装するか見てみましょう。

・Addressability＝リソースの特定にURLを使用する
画像やファイルだけでなく各種情報もURLで表現します。
例）`http://myblog.com/article/128`：128番目のblog記事
例）`http://mycompany.com/employee/15`：社員番号15番の社員

・Stateless＝セッションの管理を行わない
RESTを使用しない例）`http://myblog/getNextPage`：今のページや状態により応答が変わる
RESTを使用した例）`http://myblog/getPage/3`：状態に依存せず、3ページの内容が必ず返される

・Connectability＝他の情報へのリンクを含められる
HTML等を使って他の情報へのリンクを含められること。

・Uniform Interface= HTTPメソッドを使用して情報の操作を行う
データベースを操作するにはCRUD（Create、Read、Update、Delete）の4つの命令が必要です。同じように、HTTPのコマンドで各種操作を表現します。CRUDとの対応を以下に示します。

第8章 Cookieとセッション・REST | 219

CRUD	HTTPのコマンド
Create	POST
Read	GET
Update	PUT
Delete	Delete

8.2.2 RESTFulの例

実際の例を見たほうがイメージしやすいと思うので例を見てみましょう。FlaskにはFlask-RESTfulという拡張モジュールがあるので、以下のようにpipコマンドでインストールします。

```
pip install flask-restful
```

公式ページのURLは以下の通りです。

```
https://flask-restful.readthedocs.io/en/latest/index.html
```

RESTFulでToDoリストを管理するサーバの例です。

●restful0.py

```python
from flask import Flask, request
from flask_restful import Resource, Api
app = Flask(__name__)
api = Api(app)


todos = {}


class Todo(Resource):
    def put(self, id):
        todos[id] = request.form['data']
        return {id: todos[id]}

    def get(self, id):
        return {id: todos[id]}

    def delete(self, id):
        del todos[id]
        return ''


api.add_resource(Todo, '/todo/<string:id>')
```

220 | 第8章 Cookieとセッション・REST

```
if __name__ == '__main__':
    app.run(debug=True)
```

　操作対象はResourceを継承したクラス（今回の場合はTodo）として実装し、必要なメソッドを記述します。今回のサンプルでは、作成・変更用のput、取得用のget、削除用のdeleteを定義しました。それぞれのメソッドでは辞書データtodosに値を追加したり、その内容を返したり、削除したりしています。サーバ側のパスはapi.add_resourceで指定します。第1引数に対象となるクラス、第2に引数にパスを指定します。パラメータ変数となる部分を<型名:変数名>と指定します。これだけで簡単なRESTfulサーバとして動作するようになります。

　サーバを動かした状態でPostmanを使って操作してみましょう。まずPythonでサーバプログラムを起動します。

　次にPostmanを使ってデータを操作します。データの登録から始めましょう。送信内容は以下の通りです。

・コマンド　＝　PUT
・パス　＝　localhost:5000/todo/1
・Bodyに格納するパラメータ　＝　KEY: data　VALUE:cleaning

Sendボタンを押下すると、データが登録されます。

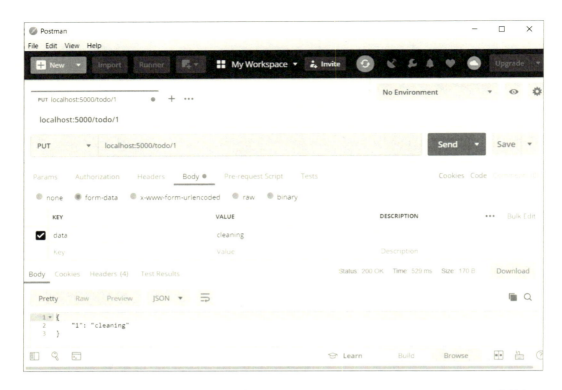

このURLを送信することによりサーバ内の辞書オブジェクトtodosに{1:'cleaning'}が登録されます。

データの取得はgetを使用します。これはブラウザからでも可能です。http://localhost:5000/todo/1と入力してください。

先ほど登録したデータが取得できることを確認できます。

データの更新は最初と同じputを使用します。登録後にその内容をブラウザで内容を確認します。

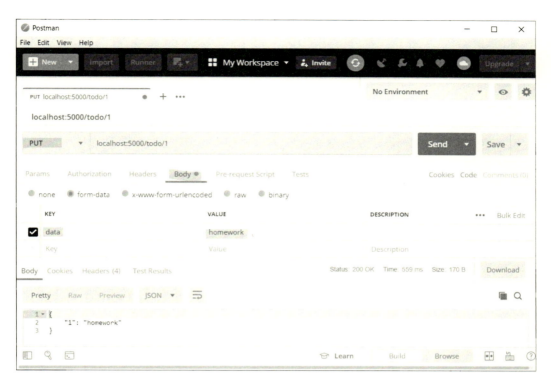

　http://localhost:5000/todo/1とアクセスすると、いつでも1番目のTodoリストアイテムを参照することができます。ブラウザを立ち上げなおしても同じ結果を取得できます。

　データの削除はHTTPのDELETEメソッドを使用します。

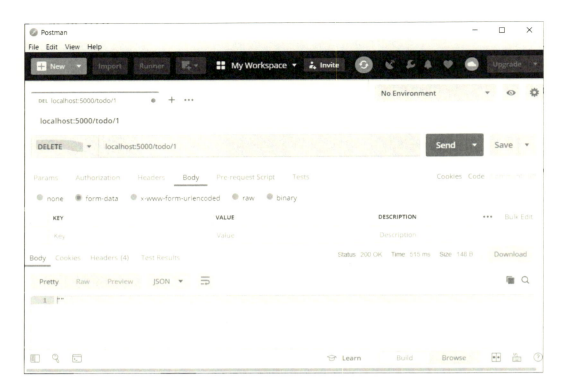

サーバ内のtodos辞書から1というキーを持つ要素が削除されます。ブラウザでアクセスするとエラー（KeyError: '1'）が返されることが確認できます。

8.3 レッスン

●課題1
Cookieを使って、前回訪れた時刻を表示して返すサーバを作成してください。初回の場合は、時刻がわからないので単にメッセージを表示するだけで構いません。

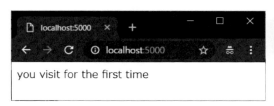

●課題2
Cookieを使って、前回使用した郵便番号を保持する郵便番号検索サイトを作成してください。

●課題3
本を管理するRestfulなAPIを実装してください。flask_restfulモジュールを使用して、Resourceを継承したBookというクラスを定義します。以下のURLから追加、更新、取得できることを確認してください。
URL：'/book/<string:id>'

9

第9章　Ajax（Asynchronous JavaScript + XML）

●

Ajaxの出現でWebの世界は大きく変わりました。Internet Explorer がXMLHttpRequestオブジェクトを実装した時は一部開発者の注目を集めただけでしたが、Googleがこの手法を使用してGoogleMapをリリースしたことで、そのポテンシャルは世に広く知られるところとなりました。自分も最初にGoogleマップを触った時は、手品を見ているかのような強い衝撃を受けたことを覚えています。単に静的なコンテンツから、動きのあるインタラクティブな世界への扉を開いたといっても過言ではありません。本章ではAjaxの仕組みと、関連するJavaScript技術について説明します。

9.1　Ajaxとは

Ajaxを一言でいうと「HTMLページを表示した状態のまま、JavaScriptを使ってWebサーバとHTTPで通信する仕組み」のことです。HTMLページをリロードする必要がないので、よりスムーズなユーザーエクスペリエンスを実現できます。

　もともとのHTMLでは、リンクをたどるとページ全体が取得される仕様でした。このため、遷移に時間がかかるだけでなく、ページ遷移中は操作を行うことはできません。

　一方、Ajaxを使うと、ページを表示したままHTTPサーバと通信ができるようになります。必要な情報だけを取得すればよいので、通信量が少なくて済むだけでなく、ページ切り替えに伴う中断もありません。スムーズなユーザーエクスペリエンスを実現できます。

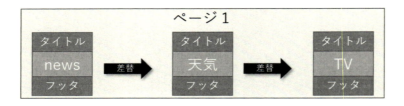

9.2 同期・非同期

AjaxのAはAsynchronous（非同期）の頭文字です。Ajaxに限らず、最近のJavaScriptでは非同期処理が多く使われるようになりました。ここでは同期と非同期の違いについて整理します。

プログラミングにおける同期とは、"ある仕事を開始したら、その仕事をやり遂げる。その仕事が終わってから次の仕事にとりかかる"というモデルです。一方、非同期とは、"ある仕事を開始したら、実際の仕事は誰か他の人にお願いする。その間自分は別の処理を行う。依頼していた仕事が終わったら通知してもらう"というモデルです。

日常生活の処理は、多くの場合、非同期的に行われます。例えば、ピザの宅配を考えてみましょう。

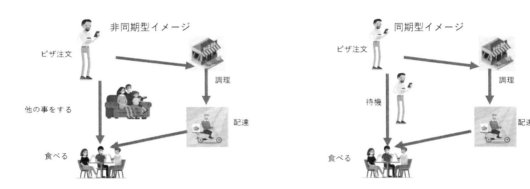

ピザ注文の電話をかけたら届くまではTVを見たり、遊んだり、他のことをしているはずです。これが非同期型です。一方、電話で注文したら、届くまでずっと受話器を持って待機している、これが同期型のイメージです。

家事を同期・非同期に分類すると以下のようになるでしょう。

・アイロンがけ　＝同期型（アイロン作業中は他の作業ができない）
・オーブン調理　＝非同期型（焼いている間は他の作業をしている）
・掃除　＝同期型（掃除中は他の作業ができない）
・洗濯　＝非同期型（洗濯中は他の作業をしている）

非同期型のほうが時間を有効活用できます。最近はロボット掃除機（非同期型）なども普及しています。家電の歴史は非同期型への進化の歴史といってもいいのかもしれません。

同期・非同期のイメージがつかめたところで、プログラミングに戻りましょう。リモートのサーバから値を取得する処理を考えます。同期的なコードのイメージは以下の通りです。これは説明用の例なので動作はしません。

```
var r = SyncWebAPI("http://.....");
var j = r.getJSON();
```

SyncWebAPIは説明用の仮の関数です。SyncWebAPI関数でサーバに問い合わせます。その応答が変数rに格納されます。そして応答のrのgetJSONメソッドでJSONオブジェクトを取り出して処理を行います。"上から順番に命令が実行される"ごく自然なコードだと思います。実際に、このような同期的なコードは今でも主流です。

一般的にネットワーク処理は時間がかかります。上記の例でいえばSyncWebAPI関数が値を返すまでの間、処理は停止して何も実行してません。サーバからの応答を待機中に他の処理を実行したほうが効率的です。ここで非同期の出番です。

一般的に、非同期処理は、以下のような手順で行われます

	プログラミング	ピザの注文
1	コールバック関数を登録	ピザ屋さんに住所とTELを伝える
2	非同期命令の呼び出し	商品を頼んで電話を切る
3	次の命令の実行	TVを見る等
4	実際の処理はバックグラウンド（裏）で実行	ピザ屋さんがピザを作る
5	コールバック関数が呼び出される	ピザが届けられる

jQueryを使ってネットワークにアクセスする非同期コードのイメージを以下に示します。

```
function GetWebAPI() {
  $.get("http://.....", ProcessResult);
  NextJob();
}
function ProcessResult(r){
  var j = r.data;
}
```

ProcessResultはコールバック関数です。サーバからの応答が返ってきたときに呼び出される関数を事前に用意しておきます。ネットワークにアクセスする非同期処理は$.getで開始されます。引数にProcessResult関数を渡していることに注目してください。また、$.getは値を返していません。実際のサーバからの戻り値はProcessResult関数の引数rとして渡されるためです。$.getの処理はすぐに終了し、プログラムはNextJob関数の実行に取り掛かります。その間、ブラウザはバックグラウンドでWebサーバにアクセスしています。サーバからの応答を取得し終えると、コールバック関数ProcessResultを呼び出します。その際に引数としてサーバからの応答を返します。

非同期処理のイメージはつかめたでしょうか。サーバとの送受信処理は時間がかかるため、非同期処理が適しています。それではどのように非同期処理が実装されているか次節以降で見ていきましょう。

9.3　XMLHttpRequest

XMLHttpRequestの出現はWebの世界を変えるほどのインパクトがあったと思います。ページを表示
したまま、JavaScriptでサーバと通信することを可能にするXMLHttpRequestオブジェクトについて
見ていきましょう。

　最近では、便利なライブラリがたくさん利用可能になったので、XMLHttpRequestを直接使用す
ることはなくなりました。しかしながら、根っこの部分で何が行われているか知ることは無駄では
ありません。まずXMLHttpRequestオブジェクトを直接使ってみましょう。Wikipediaから情報を
検索して結果を表示するページです。

● WikiAjaxXmlHttpReq.html

```
<!DOCTYPE html>
<html lang="ja">

<head>
  <meta charset="UTF-8">
  <title>Ajax(XMLHttpRequest)</title>
  <script>
    function showWiki() {
      var xhr = new XMLHttpRequest();
      xhr.onreadystatechange = function () {
        switch (xhr.readyState) {
          case 0:
            console.log('UNSENT');
            break;
          case 1:
            console.log('OPENED');
            break;
          case 2:
            console.log('HEADERS_RECEIVED');
            break;
          case 3:
            console.log('LOADED: '+xhr.responseText.length+'bytes.');
            break;
          case 4:
```

第9章　Ajax（Asynchronous JavaScript + XML）　231

```
          var s;
          if (xhr.status == 200) {
            s = xhr.responseText;
          } else {
            s = xhr.statusText;
          }
          document.getElementById("result").textContent = s;
          break;
        }
      };
      var kw = document.getElementById("keyword").value;
      var url = "https://en.wikipedia.org/w/api.php?format=json";
      url += "&action=query&list=search&origin=*&srsearch=" + kw;
      xhr.open('GET', url);
      xhr.send();
    }
  </script>
</head>
<body>
  <span>キーワード：</span><input id="keyword" value="python">
  <button onclick="showWiki()">用語を調べる</button>
  <p id="result"></p>
</body>
</html>
```

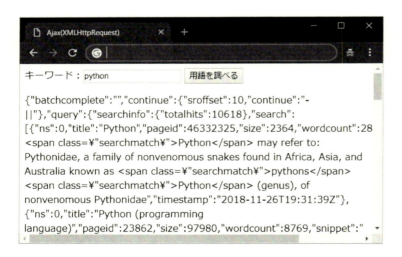

　結果の文字列はJSONのままで見づらいですが、ここではサーバから結果を得られたことだけがわかればよいので、そのままにしています。

"用語を調べる"ボタンを押下するとWikipediaから取得した情報が表示されます。showWiki関数では最初にXMLHttpRequestオブジェクトを作成して変数xhrへ格納し、そのonreadystatechangeプロパティにコールバック関数を登録しています。

Ajaxでは、状態変化（リクエストを出した、接続された、ダウンロードしたなど）はコールバック関数経由で通知されます。xhrオブジェクトのreadyStateプロパティにその状態が格納され、この値が4になると通信が完了です。サーバからのステータスコードはxhr.statusで、応答はxhr.responseTextで取得できます。ここまではコールバック関数で、まだサーバに接続しているわけではないことに注意してください。

実際の接続はxhr.open('GET', url)とxhr.send()で開始されます。これらの命令を実行することで、サーバとの通信がバックグラウンドで開始されます。サーバとの接続状態が変化する（応答が得られる等）たびにコールバック関数onreadystatechangeが呼び出されます。

第9章　Ajax（Asynchronous JavaScript + XML）　233

9.4 jQueryを使った非同期通信

XMLHttpRequestの出現はWebの可能性を飛躍的に高めました。しかしながら、XMLHttpRequest
オブジェクト自身は使いやすいものではありませんでした。DOMの操作で説明したjQueryですが、
XMLHttpRequestをより使いやすくする機能も含まれています。今回はその機能を使ってみましょう。

このようにXMLHttpRequestオブジェクトを使うと、HTTPの通信を詳細に把握することができ
ますが、実際にはサーバにメッセージを送り、その応答を取得すれば十分で、途中の接続状態などは
不要なケースが多いでしょう。そのような場合には、jQueryなどのライブラリが便利です。jQuery
を使ってこのプログラムを書き直すと以下のようになります。

● WikiAjaxJQuery1.html

```html
<!DOCTYPE html>
<html lang="ja">
<head>
  <meta charset="UTF-8">
  <title>Ajax(jQuery)</title>
  <script src="https://ajax.googleapis.com/ajax/libs/jquery/3.3.1/
jquery.min.js"></script>
  <script>
    function showWiki() {
      var kw = $("#keyword").val();
      var url = "https://en.wikipedia.org/w/api.php?format=json";
      url += "&action=query&list=search&origin=*&srsearch=" + kw;
      $.get(url, function(r){
        $("#result").text(JSON.stringify(r))
      })
    }
  </script>
</head>
<body>
  <span>キーワード：</span><input id="keyword" value="python">
  <button onclick="showWiki()">用語を調べる</button>
  <p id="result"></p>
</body>
</html>
```

234 | 第9章 Ajax（Asynchronous JavaScript + XML）

jQueryでのAjaxは以下のように実行します。

```
$.get( url , コールバック関数 )
```

サーバからの応答はコールバック関数の引数として渡されます。XMLHttpRequestを使った例よりも格段にシンプルになっています。クエリパラメータはurlに含めることもできますが、パラメータオブジェクトとして$.getの引数として渡すこともできます。

```
$.get( url , パラメータオブジェクト , コールバック関数 )
```

具体的には以下のように書くこともできます。パラメータの数が多い時はこのようにした方が読みやすいでしょう。

```javascript
function showWiki() {
  var kw = $("#keyword").val();
  var url = "https://en.wikipedia.org/w/api.php";
  var params = {
    "format": "json",
    "action": "query",
    "list": "search",
    "origin": "*",
    "srsearch": kw
  }
  $.get(url, params, function(r){
    $("#result").text(JSON.stringify(r))
  })
}
```

第9章　Ajax（Asynchronous JavaScript + XML）

9.5 Promise

Promiseとは"約束"という意味です。JavaScriptにおけるPromiseとは非同期処理が終わった時に
コールバック関数をよびだすオブジェクトです。非同期関数を使ったコードを書くときによく利用され
ます。

　非同期関数は便利ですがコードが読みづらくなりがちです。例えば、「ファイルの取得→ファイル
のオープン→ファイルの読み書き」といった処理がすべて非同期で実装されていると、コールバッ
ク関数の入れ子が深くなり、ソースコードが見づらくなってしまいます。疑似コードを以下に示し
ます。

```
function ReadFlie(){
    AsyncGetFile("data.txt", function(file){
        AsyncOpenFile(file, function(stream){
            AsyncReadLine(stream, function(line){
                console.log(line);
            })
        })
    }
}
```

　AsyncGetFileでファイルを取得し、その結果をコールバック関数の引数fileで受け取ります。
さらにそのfileを使ってAsyncOpenFileを呼び出し、その結果をコールバック関数の引数stream
で受け取ります。さらにそのstreamを使ってAsyncReadLineを呼び出し、その結果をコールバック
関数の引数lineで受け取ります。既に十分読みづらいコードですが、エラー処理を加えるとさらに
複雑になります。
　このような状況を改善するためにPromiseというオブジェクトが導入されました。非同期命令は
Promiseというオブジェクトを返します。そのオブジェクトのthenメソッドにコールバック関数
を登録します。そのコールバック関数がreturnした値がさらに次のコールバック関数にわたされ
る……というようにPromiseオブジェクトを連鎖させる書き方ができます。

```
function ReadFlie(){
    AsyncGetFile("data.txt")
        .then(function(file){return AsyncOpenFile(file)})
        .then(function(stream){return AsyncReadLine(stream)})
        .then(function(line){console.log(line)})
        .catch(function(error){console.log(error)})  ← エラーは1か所で管理
}
```

階層が深くならず、エラー処理もシンプルに書けるようになります。図にすると以下のようなイメージです。

jQueryのAjaxはPromiseを返すため、以下のように記述することも可能です。

```
$.get( url, パラメータオブジェクト ).then( コールバック関数 )
```

具体的には以下のようになります。

```
function showWiki() {
  var kw = $("#keyword").val();
  var url = "https://en.wikipedia.org/w/api.php";
  var params = {
    "format": "json",
    "action": "query",
    "list": "search",
    "origin": "*",
    "srsearch": kw
  }
  $.get(url, params).then(function (r) {
    $("#result").text(JSON.stringify(r))
  })
}
```

$.get(url, params)はPromiseオブジェクトを返します。そのPromiseオブジェクトのthen

メソッドにコールバック関数を渡し、その引数として結果を受け取っています。連鎖していないのであまり恩恵は感じられないかもしれませんが、今後はこのような使われ方も増えてくると思われたのでご紹介しました。

9.6 CORS（Cross Origin Resource Sharing）

ホームページ上でAjaxを使っているといずれCORS（Cross Origin Resource Sharing）という壁に
ぶつかります。CORSはセキュリティを確保するためにブラウザに実装されている仕組みですが、どの
ようなものか理解しておきましょう。

　Ajaxを実装するときによくつまずくポイントがCORSです。まず実験してみましょう。
　ブラウザで以下のURLを入力してください。JSONの応答を取得できます。

```
http://zipcloud.ibsnet.co.jp/api/search?zipcode=2110012
```

```
{
        "message": null,
        "results": [
                {
                        "address1": "神奈川県",
                        "address2": "川崎市中原区",
                        "address3": "中丸子",
                        "kana1": "カナガワケン",
                        "kana2": "カワサキシナカハラク",
                        "kana3": "ナカマルコ",
                        "prefcode": "14",
                        "zipcode": "2110012"
                }
        ],
        "status": 200
}
```

　では、このURLをAjaxで取得してみましょう。

● Cors-Zip1.html
```
<!DOCTYPE html>
<html lang="ja">
<head>
```

第9章　Ajax（Asynchronous JavaScript + XML）　239

```html
  <meta charset="UTF-8">
  <title>CORS-zipcloud</title>
  <script src="https://ajax.googleapis.com/ajax/libs/jquery/3.3.1/jquery.min.js"></script>
  <script>
    function showzip(){
      var url = "http://zipcloud.ibsnet.co.jp/api/search";
      $.get(url, {zipcode:"2110012"}).then(function(r){
        $("#result").text(JSON.stringify(r))
      }).catch(function (e){
        $("#result").text(e.statusText)
      })
    }
  </script>
</head>
<body>
  <button onclick="showzip()">zipcode取得</button>
  <p id="result"></p>
</body>
</html>
```

ボタンを押下してshowzip関数を実行するとエラーになります。

エラーメッセージは以下の通りです。

```
Access to XMLHttpRequest at 'http://zipcloud.ibsnet.co.jp/api/search?yzipcode=2110012' from origin 'null' has been blocked by CORS policy: No 'Access-Control-Allow-Origin' header is present on the requested resource.
```

XMLHttpRequestとあることからAjax関連のエラーが起きていることが分かります。
では、さらに実験をつづけます。myjson.comというサイトがあります。このサイトを使うとJSON

を返すURLを動的に生成することが可能です。先ほどブラウザで取得したJSONをコピー＆ペーストしてSaveボタンを押下します。

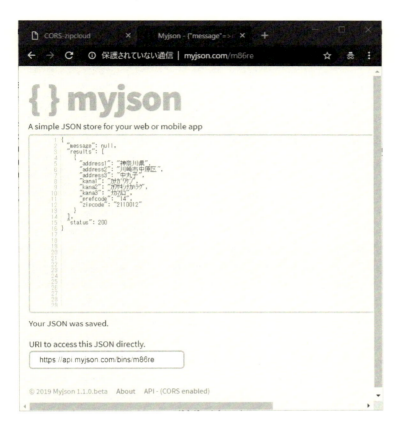

画面下部に新しいURLが作成されています。このURLをブラウザで直接表示しても同様のJSONが取得できます。

```
https://api.myjson.com/bins/m86re
```

このURLへAjaxでリクエストを取得してみます。

●Cors-Zip2.html
```
<!DOCTYPE html>
<html lang="ja">
<head>
  <meta charset="UTF-8">
  <title>CORS-zipcloud</title>
  <script src="https://ajax.googleapis.com/ajax/libs/jquery/3.3.1/jquery.min.js"></script>
  <script>
    function showzip(){
      var url = "https://api.myjson.com/bins/m86re";
```

```
      $.get(url).then(function(r){
        $("#result").text(JSON.stringify(r))
      }).catch(function (e){
        $("#result").text(e.statusText)
      })
    }
  </script>
</head>
<body>
  <button onclick="showzip()">zipcode取得</button>
  <p id="result"></p>
</body>
</html>
```

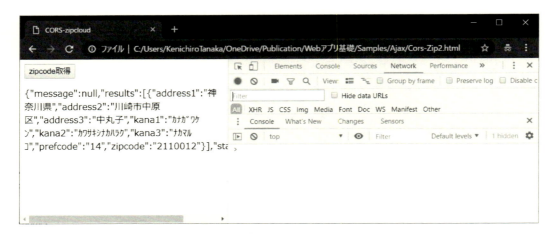

　今度は無事にAjaxで応答を取得することができました。ブラウザではどちらのURLも同じように JSON を取得できました。しかし、Ajax 経由だと以下のようにブラウザの挙動が異なります。

　・"http://zipcloud.ibsnet.co.jp/api/search" ＝ エラー
　・"https://api.myjson.com/bins/m86re" ＝ 正常動作

この違いの原因は何でしょうか？　CORSこそが原因です。サーバからのレスポンスヘッダを比較してみます。

●動作したとき（https://api.myjson.com/bins/m86re）

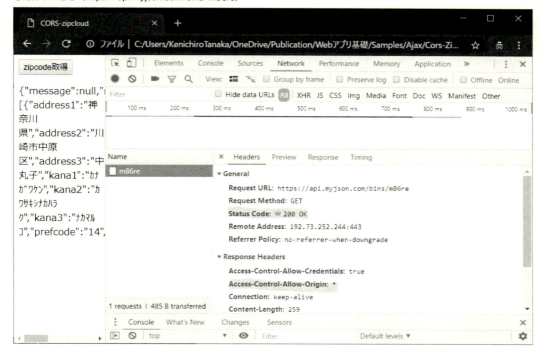

●動作しなかったとき（http://zipcloud.ibsnet.co.jp/api/search）

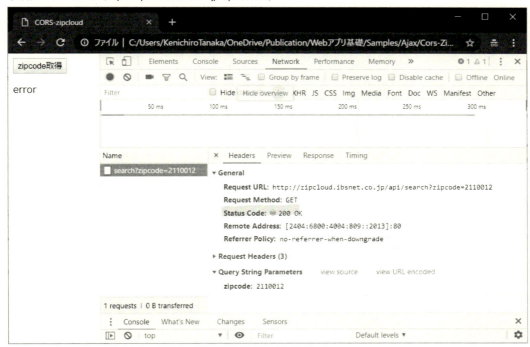

どちらもStatus Codeは200なので、サーバへの通信は正常に動作していたことがわかります。違

いはResponse Headersの中にあります。動作したほうには`Access-Control-Allow-Origin: *`があるのに対し、動作しなかったほうにはそのフィールドがありません。これが原因です。ブラウザのエラーメッセージとも合致していることがわかります。

　Web-APIを実装しているサーバはHTTPによるリクエストに対して、レスポンスを返します。クライアント側がブラウザであろうが、Pythonのプログラムであろうが、C#のプログラムであろうが、Web-APIのサーバは気にしません。HTTPに準拠していれば正しいレスポンスを返します。

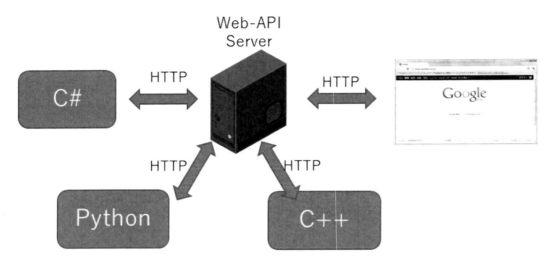

　今回の挙動はAjaxの仕様が原因です。ブラウザではセキュリティ上の理由から、「ページと同じ出所のサーバにしかAjax通信を許可しない」という仕様になっています。

　例えば、`http://www.aaa.com`から取得したページでは、`http://www.aaa.com`とAjaxで通信することは許可されています。しかしながら、`http://www.aaa.com`から取得したページから、`http://www.bbb.com`とAjaxで通信することは禁止されています。出所（ドメイン）が異なるからです。

　ローカルにあるHTMLファイルをダブルクリックで開いて、そのページからAjaxを行うと失敗します。

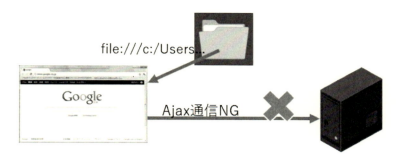

　これも同じ理由です。ローカルのファイルからページを取得した場合、file://...というプロトコルで取得したことになります。これはAjaxでの通信先とファイルを取得した場所が異なるためです。

　ただし、サーバ側で任意のサイトからのAjaxを許可したい場合もあるでしょう。そのような場合は、サーバ側がWeb-APIのレスポンスヘッダにaccess-control-allow-originフィールドを含めることになっています。値にはアクセスを許可するドメインを記述します。「*」と記述した場合には、任意のドメインから接続できることになります。

　実際に簡易サーバを作って実験してみましょう。サーバのソースコードは以下の通りです。'/'の場合にはcors-test.htmlを返し、'/capitalize'の場合にはクエリパラメータstrを大文字にして返します。

● cors-test1.py
```
from flask import Flask, request, render_template, jsonify
app = Flask(__name__)

@app.route('/')
def index():
  return render_template('cors-test.html')

@app.route('/capitalize', methods=['GET'])
def capitalize():
    s = request.args['str']
    return jsonify({"str":s.upper()})

if __name__ == "__main__":
    app.run(debug=True)
```

● cors-test.html
```
<!DOCTYPE html>
<html lang="ja">
<head>
  <meta charset="UTF-8">
```

```
  <title>CORS test</title>
  <script src="https://ajax.googleapis.com/ajax/libs/jquery/3.3.1/
jquery.min.js"></script>
  <script>
  function capitalize(){
    var s = $("#str").val();
    $.get("http://localhost:5000/capitalize", {"str" : s})
    .then(function(r){
      $("#result").text(r.str)
    })
  }
  </script>
</head>
<body>
  <input id="str">
  <button onclick="capitalize()">capitalize</button>
  <label id="result"></label>
</body>
</html>
```

　サーバを起動して、http://localhost:5000というURLでページを取得した場合、入力した文字列をWeb-API（http://localhost:5000/capitalize?str=hello）で大文字に変換できていることがわかります。ページを取得するドメインとAjaxの送信先のドメインが同じためです。Response HeadersにCORS関連のヘッダがないことにも注目してください。

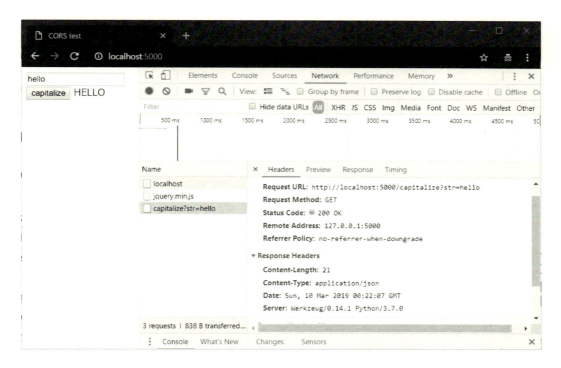

　cors-test.htmlをダブルクリックして起動して同じ操作を実行してください。CORSのポリシーに抵触してAjaxが失敗します。ページの出所（file://）とAjaxの接続先（http://localhost）が異なるためです。予想された通りの結果です。

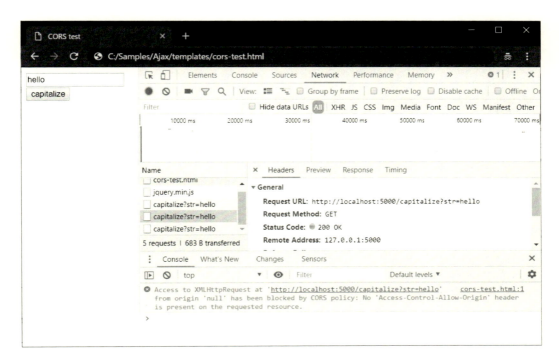

次に、FlaskのCORSモジュールをインストールします。

```
■ コマンド プロンプト                                        −    □    ×

c:¥WebAPI>pip install flask-cors
```

サーバの先頭を以下のように2行追加して再度実験してください。

● cors-test2.py

```python
from flask import Flask, request, render_template, jsonify
from flask_cors import CORS
app = Flask(__name__)
CORS(app)


@app.route('/')
def index():
  return render_template('cors-test.html')


@app.route('/capitalize', methods=['GET'])
def capitalize():
    s = request.args['str']
    return jsonify({"str":s.upper()})


if __name__ == "__main__":
    app.run(debug=True)
```

　http://localhost:5000からページを取得した場合も、ローカルフォルダからダブルクリックして起動した場合（file://）も、いずれもAjaxが動作することが確認できます。レスポンスヘッダを見るとAccess-Control-Allow-Originがいずれも設定されていることがわかります。

248 ｜ 第9章　Ajax（Asynchronous JavaScript + XML）

●http://localhost:5000 から取得した場合

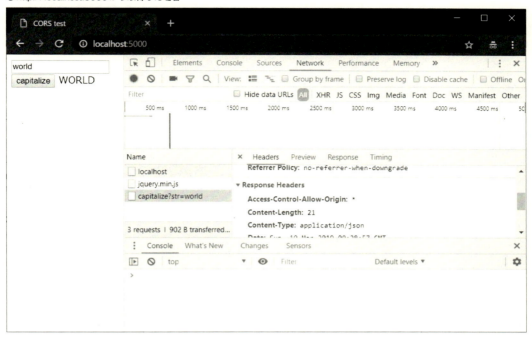

レスポンスヘッダに「Access-Control-Allow-Origin: *」とあり、Ajax通信が成功していることが確認できます。

●file://... から取得した場合

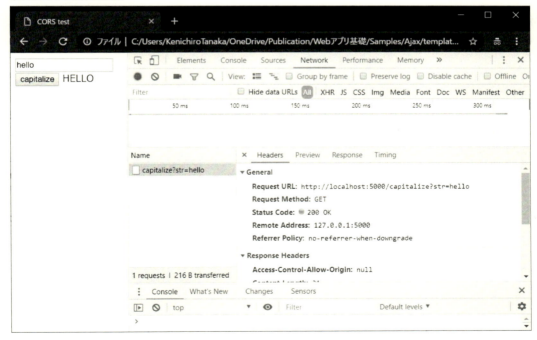

レスポンスヘッダに「Access-Control-Allow-Origin: null」とあり、Ajax通信が成功していることが確認できます。今回はFlask-Corsの挙動により、値にnullが設定されていますが、nullを返すことの可否に関しては議論がなされているようです。

　ブラウザから直接URLでアクセスしたらJSONの応答が得られるのに、Ajaxを使った場合は動作しない、そんなときはCORSの設定を疑ってみてください。

9.7 レッスン

　課題1〜3はjQueryを使ってAjaxを実装してください。課題4〜6はaxiosを使って同じ機能を実装してください。
・jQuery：　`https://ajax.googleapis.com/ajax/libs/jquery/3.3.1/jquery.min.js`
・axios：　`https://cdnjs.cloudflare.com/ajax/libs/axios/0.18.0/axios.js`

●課題1
`http://myjson.com`を使って、「`{"name":"Taro", "age":3}`」という情報を取得するURLを作成し、Ajaxを使ってそのURLからデータを取得し、名前と年齢を表示するページを作成してください。

●課題2
以下のURLにアクセスすると犬の画像へのURLを返してくれます。
`https://dog.ceo/api/breeds/image/random`
Ajaxを使ってボタンを押下するたびに犬の画像を更新するページを作成してください。

●課題3
zipcloud（`http://zipcloud.ibsnet.co.jp/doc/api`）は郵便番号から住所を返すWeb-APIです。このWeb-APIはCORSの制限があるためAjaxで直接通信することはできません。そこでローカル

で動作するサーバをFlaskで実装し、そのサーバ経由でzipcloudのWeb-APIにアクセスするサーバ・ページを実装してください。

●課題4～6
axiosを使って課題1～3を書き直して下さい。

●課題7
CORSの制限があるWeb-APIは少なくありません。任意のサイトへAjaxを仲介するローカルサーバを実装してください。Flaskでrouteを指定する場合、@app.route()デコレータを使用しますが、パラメータに"/"を含めるには以下のように型としてpathを指定します。また、クエリストリングを取得するには以下のようにrequestオブジェクトのquery_stringプロパティを参照します。このquery_stringプロパティはバイト列なので、文字列に変換するにはdecodeメソッドを使用します。

```
@app.route("/<path:code>")
def index(code):
    query = request.query_string.decode('utf-8')
    url = code + "/" + query
```

HTMLページは以下のように入力フィールドとボタン、レスポンスを表示する領域といったシンプルな構成とします。

10

第10章　MongoDBの基礎

◉

多くのシステムにとってデータベースは欠かせません。データベースにはさまざまなものがありますが、今回はJSON形式のファイルをそのまま保存できるNoSQLのデータベースを使ってみます。NoSQLとはNot Only SQLの略で、リレーショナルデータベース以外のDBをさすことが一般的です。今回はその中でも人気の高いMongoDBを使用します。

10.1 セットアップ

理解を深めるには使ってみるのが一番です。ローカルPCにセットアップすればいつでも気軽に使用することができます。ここではローカルPCにMongoDBをインストールしてみます。

これから
- MongoDBサーバ
  Mongoデータベースの本体、デフォルトではポート番号27017で待機
- MongoDB Compass Community
  データベースの中を見たり操作したりするGUIアプリケーション

をインストールします。

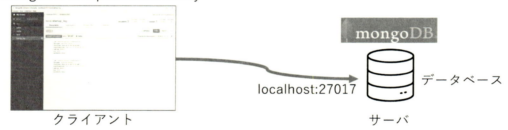

【Windowsの場合】
Windowsへのインストールは以下の手順に沿って行います。最新の情報を確認してインストールしてください。
https://docs.mongodb.com/manual/tutorial/install-mongodb-on-windows/

【macOSの場合】
macOSへのインストールは以下の手順に沿って行います。
https://docs.mongodb.com/manual/tutorial/install-mongodb-on-os-x/

以下Windows版へのインストール手順について説明します。今回は以下のURLからMongoDB Community Serverをダウンロードしてインストールしました。
https://www.mongodb.com/download-center/community?jmp=docs
インストールが簡単なMSI形式を選ぶとよいでしょう。

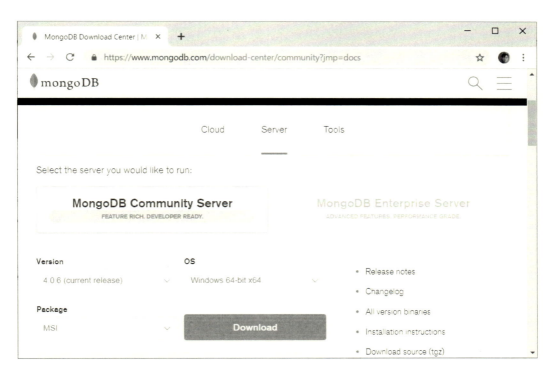

`mongodb-win32-x86_64-2008plus-ssl-4.0.6-signed.msi`を実行するとインストールが始まります。以下のダイアログが表示されたらNextをクリックして次に進みます。

ライセンスに同意する旨のチェックボックスをクリックし、Nextで次に進みます。Completeをクリックして次に進みます。

第10章　MongoDBの基礎　　255

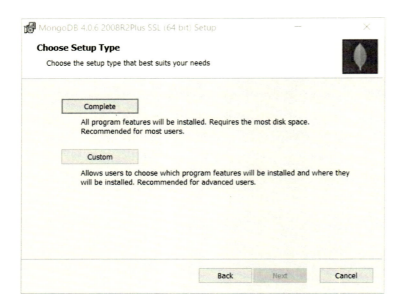

MongoDBをサービスとして稼働させるので、そのままNextで次に進みます。

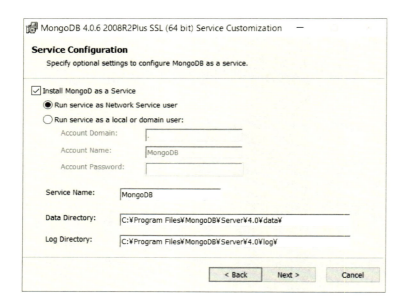

MongoDB Compass（データベースのグラフィカルなクライアントツール）をインストールするか聞かれるので、Install MongoDB Compassにチェックが入っている旨を確認して、Nextで次に進みます。

256　第10章　MongoDBの基礎

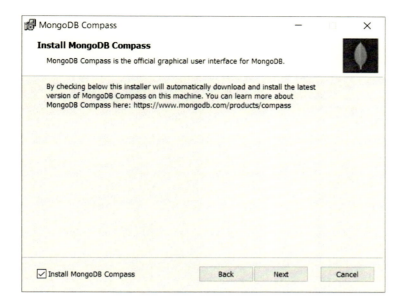

最終確認画面が表示されるのでInstallボタンを押してインストールを開始します。

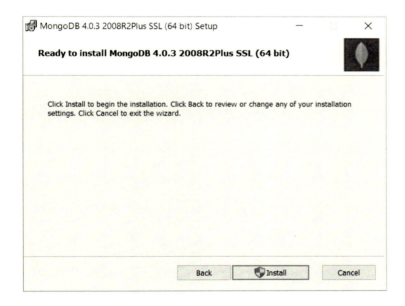

以下の画面が表示されたらサーバのインストールは完了です。

　インストールが終了するとクライアントアプリであるMongoDB Compass Communityが自動的に起動します。もしCompassが同時にインストールされなかった場合には、以下のURLからダウンロードしてください。

https://compass.mongodb.com/api/v2/download/latest/compass-community/stable/windows

　Compass Communityが最初に起動したときにはライセンスに同意する必要があります。スクロールしてAgreeボタンを押下してライセンスに同意します。以下がサーバへ接続するための画面です。

　CONNECTボタンを押下するとローカルで動作しているMongoDBに接続します。

10.2　MongoDBの構造

MongoDBはNoSQL（非リレーショナル）データベースなのでRDB（Relational Data Base）にある行や列といった考え方はありません。1つのレコードを1つの文書として管理します。

リレーショナルデータベースはテーブル形式でデータを管理します。

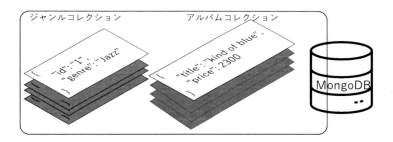

個々の情報を表（テーブル）の中の行（レコード）として管理します。

一方、MongoDBはドキュメント指向データベースなので、個々の情報をJSONドキュメントとして管理します。

情報を管理する単位をRDBとMongoDBで比較すると以下のようになります。

RDB	MongoDB
データベース	データベース
テーブル	コレクション
行（レコード）	ドキュメント
列（カラム）	フィールド

RDBやSQLを既に学習している人にすれば、用語が異なるので混乱するかもしれません。しか

し、MongoDBでは行や列といったテーブル形式としてデータを管理していないので、このように別の用語を使用するのは自然なことなのです。

10.2.1　MongoDBへのデータの挿入

実際にMongoDB Compass Communityを使ってデータベースにデータを挿入してみましょう。起動してローカルのMongoDBサーバに接続します。

画面下左にある＋ボタンを押下すると以下のダイアログが表示されます。

Database Nameに"MyMusic"、Collection Nameに"genre"と入力し、CREATE DATABASEボタンを押下します。画面は以下のようになります。MyMusicというデータベースが作成されていることがわかります。

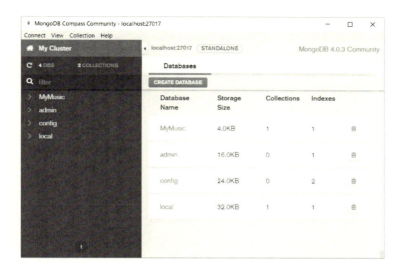

　画面左にあるMyMusicをクリックしてください。genreというコレクションが1つあることがわかります。genreをクリックすると、コレクション一覧が表示されますが、まだドキュメントはない状態です。
　INSERT DOCUMENTボタンを押下します。ドキュメントを挿入するダイアログが表示されるので、nameというフィールド名で値Jazzと記入します。

```
name : "Jazz"
```

のようにフィールド名と値の両方を入力する必要があることに注意してください。また、画面の右端にデータ型が表示されていますが、Stringであることを確認しておいてください。
　MongoDBではすべてのドキュメントには一意となる_idフィールドが自動で追加されます。_idフィールドはそのままにしておいてください。INSERTボタンを押下すると、このドキュメントがコレクションに挿入されます。

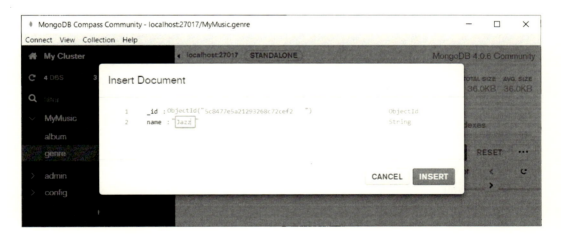

第10章　MongoDBの基礎　　261

同じように、INSERT DOCUMENTボタンを押下して、他のジャンル、Classic、Popsのドキュメントも追加してください。

●genreコレクションの内容

name (String)	:	"Jazz"
name (String)	:	"Classic"
name (String)	:	"Pops"

間違えた時はゴミ箱アイコンをクリックすればドキュメントもコレクションも削除することができます。

新しいコレクションを追加しましょう。画面左のMyMusicの横にある+ボタンを押して新規コレクションを作成してください。

Collection Nameにalbumと入力してCREATE COLLECTIONを押下します。

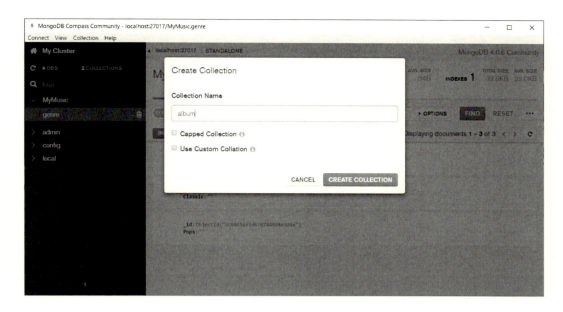

　genreと同じように、albumコレクションに、INSERT DOCUMENTボタンを押下して以下のドキュメントを入力してください。

●albumコレクションの内容

	1個目	2個目	3個目
title (String)	kind of blue	ninth symphony	Abby Road
price (Int32)	2300	1800	2500
genre_id (Int32)	1	3	2

　ドキュメントに情報を追加するには行番号の横の＋部分をクリックします。また、データの型は右側にあるドロップダウンメニューから指定します。

　いくつか自由にデータを追加してみましょう。以下のような状態になっていることを確認します。

第10章　MongoDBの基礎　263

　データベースというと難しそうな印象をもたれるかもしれませんが、JSON形式のデータをどんどん追加してゆくことができる便利な入れ物と考えるとよいでしょう。

10.3　Pythonでのアクセス

MongoDBの動作が確認できたところで、次はPythonからデータの読み書きをしてみましょう。MongoDBにアクセスするためのPyMongoモジュールを使用します。

　PythonでMongoDBにアクセスするために、PyMongoというモジュールを使用します。PyMongoモジュールは標準ではないのでpipコマンドでインストールする必要があります。macOSの場合はpip3コマンドを使用してください。

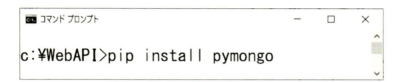

10.3.1　接続

　MongoDBに接続して、MyMusicデータベースのgenre、albumコレクションを取得してそれぞれにどのようなドキュメントが格納されているか見てみましょう。
　手順は以下の通りです。
1．MongoClientオブジェクトの作成
2．データベースの取得
3．コレクションの取得
4．コレクションに対する操作（挿入・更新・削除）

　今回はfindメソッドで、コレクション内のすべてのドキュメントを取得しました。"DBへアクセスするプログラム"というと難しそうに聞こえますが、とてもシンプルです。

● MongoFind.py
```
import pymongo

client = pymongo.MongoClient("mongodb://localhost:27017/")
mydb = client["MyMusic"]      # DBの取得
genre = mydb["genre"]         # コレクションgenreの取得
album = mydb["album"]         # コレクションalbumの取得
```

```
for d in genre.find():        # genreの一覧の取得
    print(d)
for d in album.find():        # albumの一覧の取得
    print(d)
```

最初にpymongoモジュールにあるMongoClientオブジェクトを作成します。引数はコネクション文字列という形式でmongodb://ホスト名:ポート番号/となります。今回はローカルのMongoDBに接続するので"mongodb://localhost:27017/"となります。

clientオブジェクトは辞書のようにキーを指定してデータベースオブジェクトを取得できます。今回は、client["MyMusic"]とアクセスして、データベースオブジェクトを取得してmydb変数に格納しています。

mydb変数はデータベースオブジェクトです。このオブジェクトも辞書のようにキーを指定してコレクションを取得できます。

- mydb["genre"]とアクセスすることでgenreコレクション
- mydb["album"]とアクセスすることでalbumコレクション

を取得します。

コレクションを取得したらfindメソッドですべてのドキュメントを取得します。for文を使って個々のドキュメントを出力しています。

●出力

```
c:\MongoDB>python MongoFind.py
{'_id': ObjectId('5c8477e5a21293268c72cef2'), 'name': 'Jazz'}
{'_id': ObjectId('5c84794ba21293268c72cef3'), 'name': 'Classic'}
{'_id': ObjectId('5c847954a21293268c72cef4'), 'name': 'Pops'}
{'_id': ObjectId('5c8465fd3d670744684e304f'), 'title': 'kind of blue', 'price':
2300, 'genre_id': 1}
{'_id': ObjectId('5c84670b3d670744684e3050'), 'title': 'ninth symphony', 'price'
: 1800, 'genre_id': 3}
{'_id': ObjectId('5c8467483d670744684e3051'), 'title': 'Abby Road', 'price': 250
0, 'genre_id': 2}
{'_id': ObjectId('5c8467793d670744684e3052'), 'title': 'We get requests', 'price
': 2400, 'genre_id': 1}

c:\MongoDB>
```

10.3.2　挿入

コレクションにジャンルを追加してみましょう。コレクションオブジェクトのinsert_oneメソッドを使うと、1つのドキュメントを追加できます。

● MongoInsert.py

```
import pymongo
client = pymongo.MongoClient("mongodb://localhost:27017/")
mydb = client["MyMusic"]
genre = mydb["genre"]
genre.insert_one({"name":"Bossa"})
```

このプログラムを実行後Compass Communityを確認してください。更新アイコン（回転している矢印）をクリックすると内容が更新されます。ドキュメントが正しく追加されていることが確認できます。

　_idフィールドが自動で追加されていることがわかります。

10.3.3　検索

　ドキュメントから検索を行う例を見てみましょう。nameがJazzのドキュメントをgenreコレクションから検索します。

● MongoQuery1.py

```python
import pymongo
client = pymongo.MongoClient("mongodb://localhost:27017/")
mydb = client["MyMusic"]
genre = mydb["genre"]
myquery = {"name": "Jazz"}
for d in genre.find(myquery):
    print(d)
```

● 出力

```
c:\MongoDB>python MongoQuery1.py
{'_id': ObjectId('5c8477e5a21293268c72cef2'), 'name': 'Jazz'}

c:\MongoDB>
```

　コレクションのfindメソッドにクエリオブジェクトを渡しています。クエリオブジェクトはフィールド名がキー、検索対象が値となる辞書型オブジェクトです。

　クエリに式を指定することも可能です。アルバムの中から価格が2000円より高いものをリストアップしてみます。

● MongoQuery2.py

```python
import pymongo
client = pymongo.MongoClient("mongodb://localhost:27017/")
mydb = client["MyMusic"]
album = mydb["album"]
myquery = {"price": {"$gt": 2000}}
for d in album.find(myquery):
    print(d)
```

　クエリは以下のようになっています。

{"price": {"$gt": 2000}}

・評価対象のフィールドはprice

　　・条件式＝$gt（greater than＝より大きい）

　　・その値＝2000

という意味になります。

●出力

```
c:\MongoDB>python MongoQuery2.py
{'_id': ObjectId('5c8465fd3d670744684e304f'), 'title': 'kind of blue', 'price': 2300, 'genre_id': 1}
{'_id': ObjectId('5c8467483d670744684e3051'), 'title': 'Abby Road', 'price': 2500, 'genre_id': 2}
{'_id': ObjectId('5c8467793d670744684e3052'), 'title': 'We get requests', 'price': 2400, 'genre_id': 1}
```

主な演算子には以下のようなものがあります。

演算子	意味	具体例
$lt	より小さい	{"price": {"$lt": 100}}
$lte	以下	{"price": {"$lte": 100}}
$gt	より大きい	{"price": {"$gt": 100}}
$gte	以上	{"price": {"$gte": 100}}
$eq	等しい	{"price": {"$eq": 100}}

10.3.4　削除

単一の文書を削除する場合はクエリを使って delete_one メソッドを呼び出します。先ほど追加したドキュメントを削除してみましょう。

● MongoDelete.py

```python
import pymongo
client = pymongo.MongoClient("mongodb://localhost:27017/")
mydb = client["MyMusic"]
genre = mydb["genre"]
myquery = {"name": "Bossa"}
genre.delete_one(myquery)
```

genre コレクションから、delete_one メソッドを使い、name が Bossa のドキュメントを削除しています。複数のドキュメントを削除する場合には delete_many メソッドを使います。

データベース操作に必要な操作（挿入・検索・削除）を見てきました。今回はローカルの MongoDB を使用しましたが、クラウドサービスとしてさまざまな NoSQL データベースが提供されています。代表的なものに Azure の CosmosDB、Amazon の DynamoDB、Firebase の FireStore などがあります。接続するためのライブラリが異なるので全く同じとはいきませんが、ほぼ同じような感覚で利用できます。これを機に NoSQL に親しんでおくことをお勧めします。

第10章　MongoDBの基礎 | 269

10.4 レッスン

●課題1

「楽天ウェブサービス」では以下のようにWeb-APIを検証するページを公開しています。
https://webservice.rakuten.co.jp/explorer/api/
この中から楽天ブックス系API→楽天ブックス総合検索一覧APIを選び、keywordにpythonを指定してGETボタンをクリックしてください。結果となるJSONがページ上に表示されます。その内容をテキストファイルにコピーして、MongoDBに取り込んでください。

結果をbook-data.jsonと保存した場合、以下のようなプログラムでファイルを読み込み、jsonデータをロードすることができます。

```python
import json
books = []
with open("book-data.json", 'r', encoding='utf-8') as f:
    data = json.load(f)
    for book in data["Items"]:
        books.append(
            {
                "itemName": book["Item"]["itemName"],
                "itemCode": book["Item"]["itemCode"],
                "itemPrice": book["Item"]["itemPrice"],
                "reviewCount": book["Item"]["reviewCount"],
            }
        )
print(books)
```

このサンプルを参考にして、データベース名を"webapi"、コレクション名を"books"として書籍のデータを格納してください。

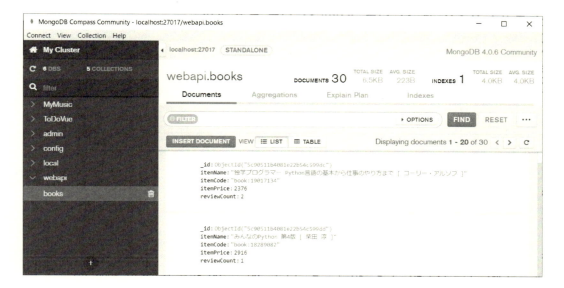

●課題2
課題1で検索した書籍から価格2000円より高い書籍を検索し、そのタイトルと価格を出力してください。

●課題3
booksコレクションの中からreviewCountが0のものを削除してください。

●課題4
booksコレクションの中から価格2000円より高い書籍を削除し、課題2で作成したプログラムで検索結果が0になることを確認してください

11

第11章　フレームワークの基礎

●

Ajaxの出現でWebの世界は大きく変わりました。サーバから都度ページを取得するのではなく、ブラウザの中でページを動的に作成するサイトが増えてきました。1つのページですべてのコンテンツを管理するSPA（Single Page Application）も珍しくなくなっています。このような流行の背景にあるのがAngular、React、Vue.jsなどのフレームワークの出現です。今回はフレームワークの中でも比較的敷居が低いといわれているVue.jsを取り上げます。

11.1 フレームワークの仕組み

Vue.jsではブラウザ上でJavaScriptを使って動的にページを作成します。データバインディングというデータと画面を連動させる仕組みを使うと、DOMを意識することなくページを更新できるようになります。

　Ajaxが出現するまでは、サーバがWebページを作成し、サーバから受け取ったページをクライアントが描画するという構成が一般的でした。Flask + Jinjaで実装したのもこの構成です。この構成では

- ページの動的生成などサーバ側の負荷が大きい
- ページ遷移のたびに、ページを取得するので大量のトラフィックが発生する
- ページ遷移のたびに、ページ読み込みが完了するまで待たされる

などの問題がありました。

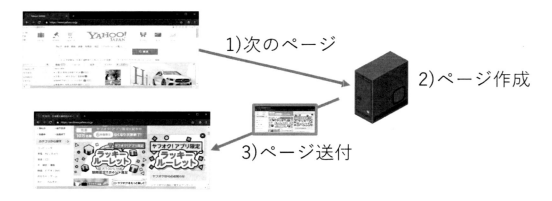

　ブラウザのアドレス欄を見るとURLが切り替わっていることが確認できます。また、デベロッパーツールのネットワークタブを見ると、ページを切り替えるたびに多数のファイルがサーバから送られることが確認できます。

　Ajaxをつかうと、ページを表示したままWebサーバと通信できるようになります。そこで、

- 最初の1回はページを取得する。
- 次回以降はAjaxによりデータの送受信を行う（ページ全体の取得は行わない）。
- ページの描画はクライアントサイド（ブラウザのJavaScript）で行う

という手法が用いられるようになってきました。これによりトラフィック量も削減でき、ユーザーレスポンスも改善しました。

　良い例がGmailやGoogle Mapなどのサービスです。最初に読み込むときは少々時間がかかります

が、その後は単にデータの送受信ですむので（ページの作成やページの送信が不要なので）、スムーズに操作できます。

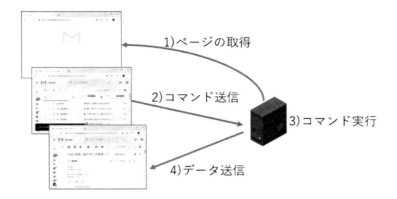

ブラウザのアドレス欄を見ると、多くの場合URLに#が含まれており、その先が変化するだけで、ページが切り替えられていないことがわかります。

しかし、クライアント側で動的にページを作るのは簡単な作業ではありません。特に、複雑なページの場合、HTML要素を作って文書に挿入する作業（DOM操作）はjQueryを使っても大変です。このような作業負荷を軽減してくれるのがフレームワークです。Angular、React、Vue.jsの3つが有名です。

これらフレームワークの大きな利点がデータバインディングです。データバインディングとは画面の表示とデータを関連付けることです。JavaScriptのオブジェクト（モデル）を更新すれば、自動的に画面（ビュー）が更新されます。

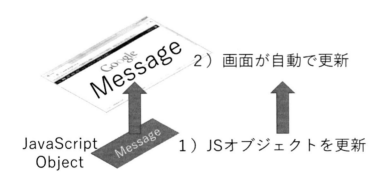

フレームワークを使えば、データを更新するだけで画面上の表示が自動で更新されるため、複雑なDOM操作をする必要がなくなり、開発効率が向上します。このような理由で、Angular、React、Vue.jsといったフレームワークが脚光を浴びています。

しかしながら、これらのフレームワークは習得すれば開発効率は向上しますが、最初の学習曲線はなだらかではありません。ここではVue.jsの基本的な使い方について説明します。

11.2　Vue.jsの基本

Vue.jsにはさまざまな機能があります。いちどに全部説明するとその情報量に圧倒されるので、基本的な機能から順番に紹介していきます。

11.2.1　準備

Vue.jsをつかうための準備は簡単です。以下のscript要素をHTML文書に挿入するだけです。

```
<script src="https://cdn.jsdelivr.net/npm/vue"></script>
```

以下のサンプルを実行してください。

● VueBasic0.html

```html
<!DOCTYPE html>
<html lang="ja">

<head>
  <meta charset="UTF-8">
  <script src="https://cdn.jsdelivr.net/npm/vue"></script>
  <title>Vue basic</title>
</head>

<body>
  <div id="app">
    <h3>Hi {{msg}}!, {{lang}} is great!</h3>
  </div>

  <script>
    var app = new Vue({
      el: "#app",
      data: {
        msg: 'hello',
        lang: 'Vue.js',
      }
    })
  </script>
```

276 │ 第11章　フレームワークの基礎

```
</body>
</html>
```

以下のような画面が表示されれば準備完了です。

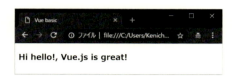

11.2.2　要素とオブジェクトの関連付け

Vue.jsでは、Vueオブジェクトと、画面上の要素とを関連付けます。

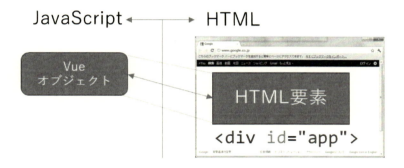

HTML要素には`<div id="app">`という要素を使う人が多いようなので本書もそれにならいます。Vueオブジェクトは以下のように作成します。Vueの引数にはオブジェクトの形式で各種オプションを指定します。

```
new Vue( {オプション} )
```

設定できる主なオプションには以下のようなものがあります。各オプションに関しては後ほど詳しく説明します。今の段階では"いろいろオプションがあるんだ"という程度の理解で構いません。

オプション	用途	例
el	HTML文書中の要素	el: "#app"

data	プロパティ	data: {
		    found: [],
		    keyword: ",
		}

methods	メソッド	methods: {
		    search: function () {…},
		    login: function() {….}
		}

computed	算出プロパティ（何らかの処理を行った結果をプロパティとして返す）	computed: {
		  reversed: function () {
		    return this.msg.split(").reverse().join(")
		  }
		},

　elはVueオブジェクトとHTMLの要素を紐づける大切なオプションです。値はCSSのセレクタ形式で記述します。idがappの場合、CSSセレクタは#appとなります。

11.2.3　データバインディング

　HTMLの中から、Vueオブジェクトのdataオブジェクトのプロパティを参照することができます。変数の値を参照する場合 {{変数名}} と記述します。前の例では、msgとlangプロパティを参照して文書中に表示していました。

```
<div id="app">
  <h3>Hi {{msg}}!, {{lang}} is great!</h3>
</div>

<script>
var app = new Vue({
  el: "#app",
  data: {
    msg: 'hello',
    lang: 'Vue.js',
  },
})
</script>
```

　画面が動かないので実際にデータバインディングが行われているかわかりづらいかもしれません。デベロッパーコンソールを使って実験してみましょう。

278　第11章　フレームワークの基礎

　Consoleタブで上記のように入力してください。Vueオブジェクトは変数appに格納されています。そのmsgプロパティに値を代入すると、画面上の{{msg}}の表示が自動で更新されます。langプロパティも同じです。DOMを操作しなくても、画面が更新されていることに注目してください。「モデルを更新するだけで画面も更新される」これがデータバインディングです。変更の反映が「モデル→ビュー」の一方向なので、一方向バインディングや単方向バインディングと呼ばれることもあります。

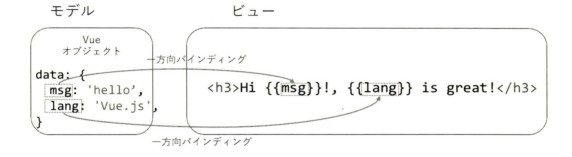

11.2.4　双方向データバインディング

　前項で説明したのはJavaScript→HTML画面の一方向のバインディングでした。Vue.jsは逆方向のバインディング（HTML→JavaScript）や双方向のバインディング（HTML←→JavaScript）もサポートしています。ここでは双方向バインディングを見てみましょう。
　HTMLで入力を担うのはinput要素です。input要素への入力をVueオブジェクトへ反映させます。以下のコードを実行してください。body要素以外は前の例と同じコードを利用してください。

●VueBasic1.html

```
...
<body>
  <div id="app">
    <h3>Hi I am {{name}}</h3>
    <input v-model="name">
  </div>

  <script>
    var app = new Vue({
      el: "#app",
      data: {
        name: ''
      }
    })
  </script>
</body>
...
```

input要素に文字を入力すると、上の文字列が更新されます。

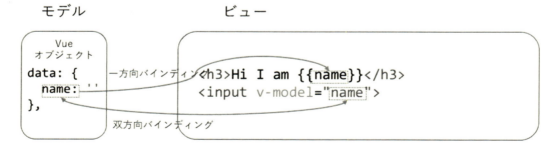

Vueオブジェクトにはnameプロパティが定義されています。h3要素の{{name}}はモデルから

ビューへの一方向バインディングです。一方、input要素ではv-model属性が指定されていますが、これが双方向バインディングの指定です。

input要素に入力するとその旨がapp.nameに反映され、逆にapp.nameに値を代入するとinput要素の内容が変化します。

Vueオブジェクトのプロパティには文字列や数値などの単一の値ではなく、配列やオブジェクトなどのデータも指定できます。オブジェクトを指定した例を以下に示します。

●VueBasic2.html
```html
<body>
  <div id="app">
    <ul>
      <li> My name is {{person.name}}.</li>
      <li> I am {{person.age}} years old.</li>
      <li v-show="person.student">I am a student</li>
    </ul>
  </div>

  <script>
    var app = new Vue({
      el: "#app",
      data: {
        person: {
          name: 'Taro',
          age: 12,
          student: true
        }
      }
    })
  </script>
</body>
```

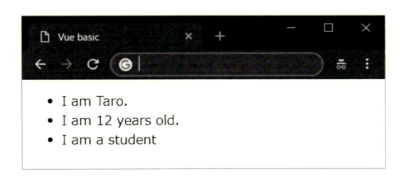

第11章 フレームワークの基礎 281

11.2.5 繰り返し

Vueオブジェクトのdataプロパティに配列を指定することも可能です。

●VueBasic3.html

```
<!DOCTYPE html>
<html lang="ja">

<head>
  <meta charset="UTF-8">
  <script src="https://cdn.jsdelivr.net/npm/vue"></script>
  <title>Vue basic</title>
</head>

<body>
  <div id="app">
    <ul>
      <li>{{seasons[0]}}</li>
      <li>{{seasons[1]}}</li>
      <li>{{seasons[2]}}</li>
      <li>{{seasons[3]}}</li>
    </ul>
  </div>

  <script>
    var app = new Vue({
      el: "#app",
      data: {
        seasons: ['Spring', 'Summer', 'Autumn', 'Winter']
      }
    })
  </script>
</body>
</html>
```

Jinjaではこのような繰り返しを記述するために、以下のように記述しました。

```
<ul>
    {% for item in seasons %}
    <li>{{item}}</li>
    {% endfor %}
</ul>
```

リストseasonsから要素を取り出してループ変数itemに代入し、それを{{}}構文で出力するといった処理内容でした。Vue.jsにも同じような命令が用意されています。今回の例は以下のように書き換えられます。

```
<ul>
  <li v-for="item in seasons">{{item}}</li>
</ul>
```

JinjaとVue.js、これらの繰り返しはよく似ているので混乱しがちですが
・Vue.jsはデータをサーバからクライアントに送り、ブラウザ上のJavaScriptでHTMLを作成して表示する。
・JinjaはサーバサイドでHTMLを作成し、そのHTMLをクライアントに送り、ブラウザがそのHTMLを表示する。
という点は間違えないようにしてください。

第11章　フレームワークの基礎 | 283

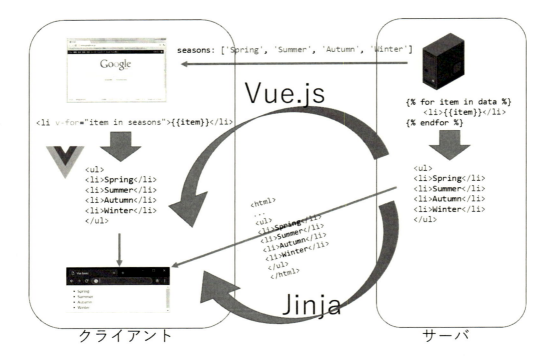

11.2.6 イベント

ボタンやキーの押下などHTML側で発生したイベントをVue.jsに通知するには以下の構文を使用します。

```
v-on:イベント名="イベントハンドラ"
```

クリックされたときの処理は以下のように記述します。

```
<button v-on:click="inc">+</button>
<button v-on:click="dec">-</button>
```

＋ボタンがクリックされたらincが実行され、－ボタンがクリックされたらdecが実行されます。イベントハンドラはVueオブジェクトのmethodsプロパティの中に関数として記述します。

●VueBasic5.html
```
<!DOCTYPE html>
<html lang="ja">

<head>
  <meta charset="UTF-8">
```

```
    <script src="https://cdn.jsdelivr.net/npm/vue"></script>
    <title>Vue basic</title>
</head>

<body>
    <div id="app">
        <h2>count = {{count}}</h2>
        <button v-on:click="inc">+</button>
        <button v-on:click="dec">-</button>
    </div>

    <script>
        var app = new Vue({
            el: "#app",
            data: {
                count: 0
            },
            methods : {
                inc(){this.count++;},
                dec(){this.count--;}
            }
        })
    </script>
</body>

</html>
```

　イベントハンドラから自身のプロパティを参照する場合、thisを指定して自分自身のオブジェクトであることを明示してください。methods部分は以下のように記述することも可能です。

```
        methods : {
            inc: function(){this.count++},
            dec: function(){this.count--},
```

第11章　フレームワークの基礎　285

```
    }
```

　ただし、アロー関数式（=>）では、関数が宣言された場所によりthisが参照する内容が異なります。この場合、thisはVueオブジェクトではなくWindowオブジェクトを参照するので、アロー関数式を使う場合は、以下のように書き換える必要があることに注意してください。scriptタグの直後でVueオブジェクトをapp変数に代入しています。このapp変数経由でVueオブジェクトにアクセスします。

```
    methods : {
      inc: () => app.count++,
      dec: () => app.count--,
    }
```

11.2.7　算出プロパティ

　Vue.jsではデータバインディングを記載する箇所にJavaScriptの処理を書くこともできます。例えば、textareaに入力された単語の数を数えるページを作ってみます。

● VueBasic6.html

```
<!DOCTYPE html>
<html lang="ja">

<head>
  <meta charset="UTF-8">
  <script src="https://cdn.jsdelivr.net/npm/vue"></script>
  <title>Vue basic</title>
</head>

<body>
  <div id="app">
    <h2>words = {{text.split(' ').length}}</h2>
    <textarea v-model="text"></textarea>
  </div>

  <script>
    var app = new Vue({
      el: "#app",
      data: {
        text: '',
      },
```

286　│　第11章　フレームワークの基礎

```
    })
  </script>
</body>

</html>
```

v-model="text"とあるのでtextareaに入力された文字は双方向データバインディングの対象となり、textプロパティで参照できます。h2要素では {{}} の中で、textプロパティをsplit(' ')メソッドを使い空白で区切り、その数をlengthプロパティで参照して単語数を求めています。

ただ、このような書き方はコードが読みにくくなるのであまり推奨できません。なんらかの処理を行った結果を値として取得したいのであれば、computedプロパティを使用すると便利です。上記の例は以下のように書き換えることができます。

●VueBasic7.html
```
<!DOCTYPE html>
<html lang="ja">

<head>
  <meta charset="UTF-8">
  <script src="https://cdn.jsdelivr.net/npm/vue"></script>
  <title>Vue basic</title>
</head>

<body>
  <div id="app">
    <h2>words = {{nwords}}</h2>
    <textarea v-model="text"></textarea>
  </div>

  <script>
```

第11章 フレームワークの基礎 | 287

```
    var app = new Vue({
      el: "#app",
      data: {
        text: ''
      },
      computed: {
        nwords : function(){
          return this.text.split(' ').length;
        }
      }
    })
  </script>
</body>

</html>
```

　dataプロパティを記述したのと同様に、computedプロパティにnwordsプロパティを追加してい
ます。何らかの処理を行った結果を返すため、nwordsプロパティの値は関数です。その中で行って
いる処理は前の例と同じです。このように何らかの処理を行った結果を返すのであればcomputedプ
ロパティに記述したほうがよいでしょう。

11.3 axiosを使ったネットワークアクセス

axiosはHTTP通信に特化したJavaScriptライブラリです。jQueryで非同期通信を行いましたが、ほぼ同じような手順でサーバと通信することができます。

    axiosはHTTP通信を行うためのJavaScriptライブラリで、Vue.jsでも人気があります。このaxiosを使って外部サーバからJSON形式でデータを取得し、その内容をもとに画面を構築してみましょう。

    axiosの基本的の使い方は以下の通りです。

```
axios.get('http://…')
  .then(function (response) {
    // handle success
    console.log(response);
  })
```

    getの引数としてURLを記述します。サーバからの応答は.then()の中の関数の引数として受け取ります。上記の例ではresponseがサーバからの応答を含むオブジェクトとなります。

    このaxiosの例としてWikipediaのページから単語を検索するページを作成してみましょう。以下はWikipediaのAPIメインページのURLです。

`https://www.mediawiki.org/wiki/API:Main_page/ja`

    このURLを見るとWikipediaは単にWebで検索するだけでなく、認証、修正、登録などいろいろなAPIを提供していることがわかります。今回はその中で単語の検索を利用してみます。

● VueWiki.html

```
<!DOCTYPE html>
<html lang="ja">

<head>
  <meta charset="UTF-8">
  <script src="https://cdn.jsdelivr.net/npm/vue"></script>
  <script src="https://unpkg.com/axios/dist/axios.min.js"></script>
  <title>Vue basic</title>
</head>

<body>
  <div id="app">
```

第11章 フレームワークの基礎 | 289

```
  <input v-model="keyword">
  <button v-on:click="search">Search</button>
  <div v-for="item in founds">
    <h3>{{item.title}}</h3>
    <h6 v-html="item.snippet"></h6>
  </div>
  <div>
    {{result}}
  </div>
</div>

<script>
  var app = new Vue({
    el: "#app",
    data: {
      keyword: '',
      result: ''
    },
    computed: {
      founds: function(){
        if (this.result && this.result.query &&
            this.result.query.search){
          return this.result.query.search;
        }else{
          return []
        }
      }
    },
    methods : {
      search(){
        url = "https://ja.wikipedia.org/w/api.php?" +
          "format=json&action=query&list=search&origin=*&srsearch="
          + this.keyword;
        axios
        .get(url)
        .then(res => {
          this.result = res.data;
        })
      }
    }
  })
```

290 | 第11章 フレームワークの基礎

```
    </script>
  </body>
</html>
```

　画面上部にキーワードを入力してSearchボタンを押下すると、Wikipediaで検索した結果が表示されます。

　`<input v-model="keyword">`で双方向バインディングを設定しているので、input要素に入力された検索キーワードはkeywordプロパティで参照できます。searchメソッドの中では、このkeywordプロパティを使って以下のようにURLを組み立てています。

```
url = "https://ja.wikipedia.org/w/api.php?" +
 "format=json&action=query&list=search&origin=*&srsearch="
+ this.keyword;
```

　上記URLにアクセスするとWikipediaからJSON形式で以下のような結果が返されます。任意のキーワードを使ってブラウザに入力してみるとその様子がよくわかります。

```
{
    "batchcomplete": "",
    "continue": {
        "sroffset": 10,
        "continue": "-||"
    },
    "query": {
        "searchinfo": {
            "totalhits": 20
        },
        "search": [{
            "ns": 0,
            "title": "Xoxzo",
            "pageid": 3583696,
            "size": 1158,
            "wordcount": 95,
            "snippet": "株式会社Xoxzo（ゾクゾー）（英名：Xoxzo Inc.）は、テレフォニー<span
class=\"searchmatch\">Web</span> <span class=\"searchmatch\">API</span>プラット
フォーム運営する日本の企業である。2007年2月16日設立。以前「MARIMORE」として知られている。 2007
年2月16日設立。 2015年9月30日MARIMOREからXoxzoへ商号変更。 東京都台東区台東",
            "timestamp": "2017-05-19T10:20:15Z"
        }, {
...
```

urlを構築後、以下のコードでサーバからレスポンスを取得します。

```
axios
.get(url)
.then(res => {
  this.result = res.data;
})
```

axiosでは、サーバからの応答はthenメソッドの関数の引数として渡されます。今回の場合はres
がそれになります。サーバから受け取ったJSONデータはres変数のdataプロパティで取得できま
す。このres.dataをVueオブジェクトのresultプロパティに代入することで画面を更新します。
DOMを自分で操作する必要はありません。単にモデルを更新するだけで画面が更新されます。

　上記例では()=>{…}といったアロー関数を使っていますが、アロー関数は宣言されたときのthis
を関数の中でも使用できます。methods、data、computedなどVueオブジェクトのプロパティで
は、thisはVueオブジェクトを参照しています。よって、アロー関数の中でthis.resultのように
resultプロパティを参照できます。一方、functionを使うとthisはグローバルのwindowオブジェ

292 ｜ 第11章　フレームワークの基礎

クトを参照するため、以下のように記述する必要があります。

```
axios
.get(url)
.then(function (res){app.result = res.data;})
```

12

第12章　サンプルアプリ作成で確かめるWeb技術の変遷

◉

本章ではここまで学習した内容をふまえてToDoリストアプリを作成します。それぞれの時代で一般的だった手法を使って実装することで、どのようにWeb技術が変遷してきたか見ていきましょう。

12.1 DOMローカルバージョン

DOMを直接操作することでToDoリストアプリを作成してみます。ライブラリを使わないので、すべて自分で実装する必要があります。サーバとの通信はまだ行いません。ToDoリストのデータはブラウザ側で管理します。

ライブラリも使わず、サーバなしのローカル環境でHTMLページを作成します。

入力欄に"やること"を入力し、addボタンを押すとその内容が下に箇条書きで表示されます。

●todo-dom-local0.html
```html
<!DOCTYPE html>
<html lang="ja">
<head>
  <meta charset="UTF-8">
  <title>ToDo DOM Local</title>
  <script>
  function add(){
    var todo = document.getElementById("item");
    var li = document.createElement("li");
    li.textContent = todo.value;
    todo.value="";
    var parent = document.getElementById("items");
    parent.appendChild(li);
  }
```

```
    </script>
  </head>
  <body>
    <div>
        <input id="item"><button onclick="add()">add</button>
    </div>
    <ul id="items"></ul>
  </body>
</html>
```

　ボタンが押下されるとonclick属性で指定された関数addが実行されます。add関数はscript要素
で定義されています。document.getElementById("item")でidがitemの要素を取得し、変数todo
に格納しています。文書に挿入するリスト要素を作成するため、document.createElement("li")を実
行して変数liに代入します。これだけだと、空のリスト項目なので、li.textContent = todo.value
でinput要素に入力された内容をリスト要素のテキストに設定しています。あとは、作成したliを
文書に挿入するだけです。document.getElementById("items")でidがitemsのul要素を取得し、
そのappendChildメソッドを使ってリスト要素liを挿入しています。

　次のステップとして、リスト項目を削除する機能を作成してみます。

● todo-dom-local1.html

```
<!DOCTYPE html>
<html lang="ja">
<head>
  <meta charset="UTF-8">
  <title>ToDo DOM Local</title>
  <script>
  function additem(){
    var todo = document.getElementById("item");

    var li = document.createElement("li");
    li.textContent = todo.value;
    todo.value = "";

    var del = document.createElement("button");
    del.textContent = "DONE";
    del.onclick = delitem;
    li.appendChild(del);

    var parent = document.getElementById("items");
    parent.appendChild(li);
  }
```

第12章　サンプルアプリ作成で確かめるWeb技術の変遷　│　297

```
    function delitem(e){
      var li = e.target.parentElement;
      var parent = document.getElementById("items");
      parent.removeChild(li);
    }
    </script>
</head>
<body>
  <div>
      <input id="item"><button onclick="additem()">add</button>
  </div>
  <ul id="items"></ul>
</body>
</html>
```

今回は各項目の横にDONEボタンが追加されています。このボタンを押下すると項目を消去することができます。

additem関数を実行すると以下のようなDOMが構築されます。

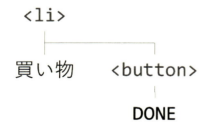

まず、document.createElement("li")でli要素を作成し、そのtextContentプロパティに入力された文字列を代入します。ここまでは前の例と同じです。さらに、

document.createElement("button")でボタンを作成し、textContentプロパティに"DONE"という文字列を設定し、onclickプロパティにコールバック関数delitemを設定しています。この要素をli.appendChild(del)でli要素に挿入しています。

DONEボタンが押下されるとdelitem関数が呼び出されます。引数のeはクリックイベントに関する情報を格納したオブジェクトです。そのtargetプロパティを参照すると、どのボタンが押下されたかがわかります。そのparentElementを参照すると、それがクリックされたボタンを含むli要素となります。あとは、リストを格納するul要素のremoveChildメソッドをよんで、DOMを削除しています。

単にローカルで項目を追加削除するだけのプログラムですが、それなりの長さになってしまいました。

12.2 Formバージョン

前のDOMバージョンを発展させて、実際にWebサーバと通信し、データをサーバ側に保存してみましょう。form要素を使ってデータをサーバに送信します。

<form>要素を使ってデータをサーバに送信します。見た目や機能はDOM版と変わりませんが、実際にWebサーバと通信をする点が大きく異なります。

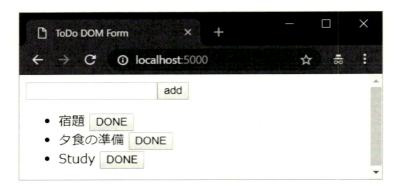

Webサーバは以下の3つのURLを受け付けるものとします。

path	method	parameter	コメント
/	GET	なし	トップページを取得
/additem	GET	item	項目を追加
/delitem	GET	item	項目を削除

例えば、"Study"という項目をToDoリストに追加する場合、ブラウザは以下のようなURLでサーバにアクセスします。

```
http://localhost:5000/additem?item=Study
```

サーバのプログラムは以下の通りです。

●todo-dom-form.py
```
from flask import Flask, request, render_template
app = Flask(__name__)
items = ['買い物', '宿題', '夕食の準備']
```

```
@app.route('/')
def toppage():
  return render_template('todo-dom-form.html', data=items)

@app.route('/additem', methods=['GET'])
def additem():
    i = request.args['item']
    items.append(i)
    return render_template('todo-dom-form.html', data=items)

@app.route('/delitem', methods=['GET'])
def delitem():
    i = request.args['item']
    items.remove(i)
    return render_template('todo-dom-form.html', data=items)

if __name__ == "__main__":
    app.run(debug=True)
```

　グローバル変数itemsは、やること['買い物','宿題','夕食の準備']を含んだリストです。個々の要素はデータベースに内容を保存すべき内容ですが、Form版のサンプルではメモリ上のリストを使用します。サーバを再起動すると常に同じ項目が表示されます。

　3つの@app.routeデコレータがあり、どれもrender_template関数を使って同じtodo-dom-form.htmlをテンプレートとして返しています。その際にdataというパラメータ名でitemsというリストを渡しています。いずれもここで注目してほしいのは、render_template関数はページ全体をクライアントに返している点です。

これはクライアント側で<form>要素を使用している場合の一般的な挙動です。次に、Flask サーバがクライアント側へ返す HTML のテンプレートファイルを見てみましょう。

● todo-dom-form.html

```html
<!DOCTYPE html>
<html lang="ja">

<head>
  <meta charset="UTF-8">
  <title>ToDo DOM Form</title>
</head>

<body>
  <div>
    <form action="/additem" method="GET">
      <input name="item"><input type="submit" value="add">
    </form>
  </div>
  <ul>
    {% for item in data %}
    <li>
      <form action="/delitem" method="GET">
        {{item}}
        <input type="hidden" name="item" value="{{item}}">
        <input type="submit" value="DONE">
      </form>
    </li>
    {% endfor %}
  </ul>
</body>
</html>
```

最初に ToDo アイテムを追加するための form 要素があります。type が submit のボタンが押下されると、それを含む form 要素の action へデータが送信されます。

```html
<form action="/additem" method="GET">
    <input name="item"><input type="submit" value="add">
</form>
```

302 | 第12章 サンプルアプリ作成で確かめる Web 技術の変遷

つまり、`http://localhost:5000/additem`へ、`item`というパラメータ名で入力された値が送信されます。以下のURLがブラウザのアドレスに入力されたのと同じです。

`http://localhost:5000/additem?item=Study`

続くのは、箇条書きの項目部分です。Jinjaの以下の記述により、dataの要素をひとつずつ取り出し、変数itemに格納し、繰り返し部分を実行します。

```
{% for item in data %}
    繰り返し部分
{% endfor %}
```

仮にdataが[' 宿題', ' 夕食の準備', 'Study']という内容であった場合、結果として生成され、ブラウザへ返されるページは以下のようになります。

```
...
  <ul>
    <li>
      <form action="/delitem" method="GET">
        宿題
        <input type="hidden" name="item" value="宿題">
        <input type="submit" value="DONE">
      </form>
    </li>
    <li>
      <form action="/delitem" method="GET">
        夕食の準備
        <input type="hidden" name="item" value="夕食の準備">
        <input type="submit" value="DONE">
      </form>
    </li>
    <li>
      <form action="/delitem" method="GET">
        Study
        <input type="hidden" name="item" value="Study">
        <input type="submit" value="DONE">
      </form>
    </li>
  </ul>
...
```

個々の要素を詳しく見てみましょう。

第12章　サンプルアプリ作成で確かめるWeb技術の変遷 303

```
<li>
  <form action="/delitem" method="GET">
    Study
    <input type="hidden" name="item" value="Study">
    <input type="submit" value="DONE">
  </form>
</li>
```

• Study DONE

<input type="hidden" name="item" value="…">は画面には表示されませんが、データはサーバに送信されます。例えばDONEボタンが押下された場合、以下のようなURLがサーバに送信されます。

```
http://localhost:5000/delitem?item=Study
```

この様子はデベロッパーツールを使うとよくわかります。Networkタブを見てください。

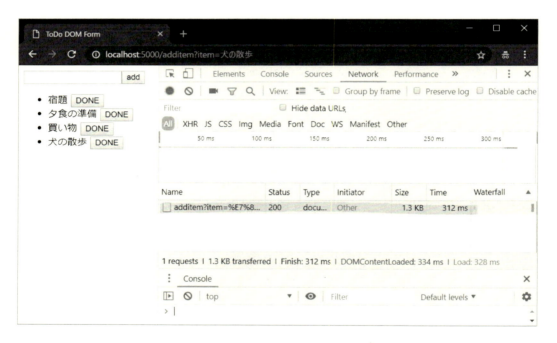

項目の追加、もしくはDONEを押して項目を削除すると、ページの切り替えが行われるため、サーバとの通信内容履歴はリセットされます。
このようにFormを使った方法では、
　・ページの一部を更新するだけでもページ全体が転送される。
　・結果として都度ページの切り替えが行われる。
といった結果になります。当時はふつうの挙動でしたが、Ajaxの登場によって状況が変わってきます。それでは、Ajaxを使うことでどのように改善できるか見ていきましょう。

12.3　Ajaxバージョン

formを使った方式では、都度ページを作成して、画面全体を書き直す必要がありました。jQueryを使うことで、サーバとのやりとりはデータの送受信のみとして、ページを切り替えずに同じ機能を実装してみます。

　このサンプルはサイズが小さいため都度ページを送りなおしても問題にはなりません。しかし、複雑なページの場合、読み込みに時間がかかるためユーザビリティーは著しく低下します。ページ中に更新する箇所があるならば、その箇所だけが更新されるべきです。通信帯域を無駄に消費しないだけでなく、反応も早くなるためユーザビリティーも改善します。jQueryを使って、非同期で通信を行い、部分的にページを書き換えてみましょう。
　まずはサーバサイドです。

● todo-ajax.py
```python
from flask import Flask, request, jsonify
from flask_cors import CORS
app = Flask(__name__)
CORS(app)

items = ['買い物', '宿題', '夕食の準備']

@app.route('/getitems', methods=['GET'])
def getitems():
    return jsonify(items)

@app.route('/additem', methods=['GET'])
def additem():
    v = request.args['item']
    items.append(v)
    return jsonify({"status":"ok"})

@app.route('/delitem', methods=['GET'])
def delitem():
    i = request.args['item']
    items.remove(i)
    return jsonify({"status":"ok"})
```

第12章　サンプルアプリ作成で確かめるWeb技術の変遷 | 305

```
if __name__ == "__main__":
    app.run(debug=True)
```

　Formのサーバと似ています。しかし、`getitems`関数、`additem`関数、`delitem`関数の戻り値として`render_template`関数を使ってページを返すのではなく、`jsonify`関数でJSONを送り返していることに注意してください。

　あとは、CORS（Cross-Origin Resource Sharing）を有効にしている点が異なります。今回、HTMLページはサーバとメッセージをやり取りしますが、必ずしもHTMLページをサーバから取得する必要はありません。

　以下のHTMLファイルをダブルクリックしてブラウザを起動してください。ブラウザのアドレス欄に注目してください。

●todo-ajax.html

```
<!DOCTYPE html>
<html lang="ja">

<head>
  <meta charset="UTF-8">
  <title>ToDo DOM Ajax</title>
  <script src="https://ajax.googleapis.com/ajax/libs/jquery/3.3.1/
jquery.min.js"></script>
  <script>
    function getitems() {
      $.get("http://localhost:5000/getitems", function (r) {
        r.forEach(function (v) {
          adddom(v);
        })
      })
    }

    function additem() {
      var v = $("#item").val();
      $.get("http://localhost:5000/additem", {item: v},function(r){
        adddom(v)
      })
    }

    function delitem(v) {
      var txt = v.previousSibling.textContent;
      var li = v.parentNode;
```

306 　第12章　サンプルアプリ作成で確かめるWeb技術の変遷

```
    $.get("http://localhost:5000/delitem",{item:txt},function(r){
      $(li).remove()
    })
  }

  function adddom(v) {
    var li = $('<li>' + v
      + '<button onclick="delitem(this)">DONE</button></li>');
    $("#items").append(li)
  }

  $(function () {
    getitems();
  })
</script>
</head>

<body>
  <div>
    <input id="item"><button onclick="additem()">add</button>
  </div>
  <ul id="items"></ul>
</body>
</html>
```

Ajax通信を簡便におこなうためjQueryをajax.googleapis.comからロードしています。

jQueryで以下のように記述すると、ページ読み込み完了後に初期化処理を実行することができます。

```
  $(function () {
    getitems();    //  初期化処理
  })
```

今回はページが読み込み終わるとgetitems関数が実行されます。

getitemsを詳しく見てみましょう。

```
  function getitems() {
    $.get("http://localhost:5000/getitems", function (r) {
      r.forEach(function (v) {
        adddom(v);
```

```
      })
    })
  }
```

$.getはjQueryでGET通信を行う関数です。パラメータは以下の通りです。

```
$.get( URL, データ, コールバック関数 )
```

・URL
URLは通信相手のアドレスです。

・データ
サーバに送るデータをkey-value形式で指定します。key-valueペアとは、辞書のようにキーと値をペアにして管理するデータ構造です。例えば、"apple"という英単語が"リンゴ"という意味であること表現する場合、{apple:"リンゴ"}のように記述します。appleがkeyで、リンゴがvalueとなります。additem関数やdelitem関数では「{ item: v }」のように送信するデータを記述しています。送信データがない場合は省略できます。

・コールバック関数
処理が終了したときに呼び出されます。

カッコが多いのでどこからどこまでがコールバック関数かわかりづらいかもしれません。改行とインデントを変えると以下のようになります。このほうがわかりやすければこちらでも構いません。

```
$.get("http://localhost:5000/getitems",
  function (r) {
    r.forEach(function (v) {
      adddom(v);
    })
  }                コールバック関数
)
```

$.getをよびだしてもすぐに結果が得られるわけではありません。通信には時間がかかります。サーバが忙しくてすぐに返答を返せないかもしれません。サーバからの応答を待ち続けると、ユーザ操作を処理できずにブラウザが固まったように見えてしまいます。ユーザーエクスペリエンス的に望ましい挙動ではありません。そこで、$.getの関数はすぐに終了し、次の行の実行に進みます。サーバから返答が返ってきた時点で、コールバック関数が呼び出されます。

実行の順番を図にすると以下のようになります。

```
$.get("http://localhost:5000/getitems",
  function (r) {
    r.forEach(function (v) {            ③        ①
      adddom(v);
    })
  })
console.log("do something")  ← ②
```

最初に①$.getを実行します。http://localhost:5000/getitemsにアクセスして、すぐに②の実行に移ります。サーバから応答が返ってきたら③が実行されます。

サーバにgetitemsを送信するとサーバからはJSON形式の応答が返ります。デベロッパーツールのNetworkタブで通信の様子を見ることができます。getitemsをクリックしてResponseタブを開きます。

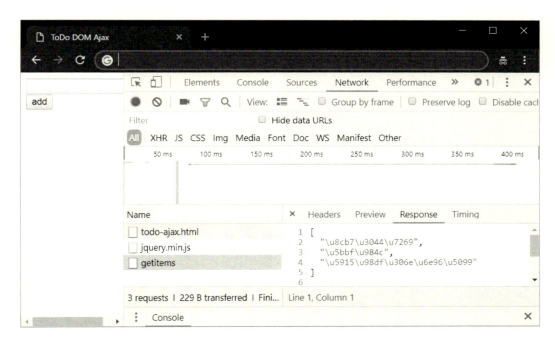

文字がエンコードされているのでわかりづらいですが、JSON形式で配列が返されていることがわかります。この文字はjQuery内部でデコードされ、結果として["買い物", "宿題", "夕食の準備"]という配列がコールバック関数の引数rに渡されます。配列なのでforEachメソッドを使って、個々の要素を取り出してadddom関数を使い、DOM要素を文書に追加しています。

```
function adddom(v) {
  var li = $('<li>' + v
    + '<button onclick="delitem(this)">DONE</button></li>');
  $("#items").append(li)
```

```
    }
```

　jQueryで、$('<li>…</li>')のように記述するとli要素が作成されます。これを変数liに代入しています。$("#items")でidがitemsの要素を取得し、appendメソッドでli要素を追加します。これにより、項目とボタンが画面上に表示されます。DOMの様子を図にすると以下のようになります。

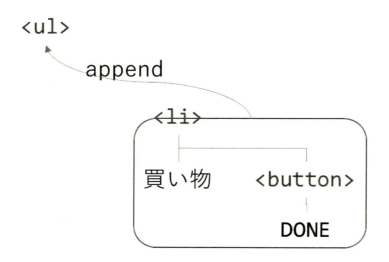

　今回追加するボタンは以下の文字列から生成されます。

```
<button onclick="delitem(this)">DONE</button>
```

　ボタンが押下されるとdelitem関数が引数（this=ボタン）で呼び出されます。delitemはページから項目を削除する関数です。

```
    function delitem(v) {
      var txt = v.previousSibling.textContent;
      var li = v.parentNode;
      $.get("http://localhost:5000/delitem",{item:txt},function(r){
        $(li).remove()
      })
    }
```

　引数のvは押下されたボタンです。DOMがどのような構成か以下に整理しておきます。

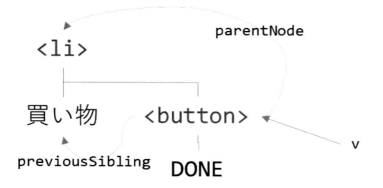

　v.previousSibling.textContentでテキストを取得します。ボタンにとって親要素はli要素なので、v.parentNodeで親のli要素を取得します。必要な情報が取得できたら、$.getでサーバに対してtxtを削除するように依頼し、コールバック関数の中でremoveメソッドを使ってDOMからli要素を削除しています。

　Ajaxを使うと、サーバとの通信量を減らせるだけでなく、ページを再読み込みせずに済むようになりました。しかしながら、DOMのプログラムは複雑で面倒だと感じたのではないでしょうか？これだけシンプルなTODOリストでもこれだけのコードが必要になってしまいます。複雑なページをJavaScriptで実装するのは大変です。そのような背景をうけて、フレームワークが登場しました。Ajaxができたときからフレームワークの登場は必然だったのかもしれません。

12.4 Vue.jsバージョン

いよいよ最終段階です。画面の更新をおこなうためにDOMを操作したり、jQueryを使ったりするのではなく、Vue.jsを使用してみます。まずはローカルバージョン、次にサーバと通信するMongoDBバージョンを作成します。

・ページの更新をするためにJavaScriptでDOMを直接操作したくない
・データを更新するだけで、自動で画面が更新されたら便利なはずだ
そんな要望に応えるのがVue.js、React、Angularなどのフレームワークです。

12.4.1 ローカルバージョン

まずサーバを使わない、ローカルだけのバージョンをご覧ください。

●todo-vue0.html
```
<!DOCTYPE html>
<html lang="ja">
  <head>
    <meta charset="UTF-8" />
    <title>ToDo Vue Local</title>
    <script src="https://cdn.jsdelivr.net/npm/vue"></script>
  </head>
  <body>
    <div id="app">
      <input v-model:value="message" />
```

```
      <button v-on:click="add">add</button>
      <ul>
        <li v-for="(todo, index) in todos">
          {{ todo.item }}
          <button v-on:click="del(index)">DONE</button>
        </li>
      </ul>
    </div>
    <script>
      var app = new Vue({
        el: "#app",
        data: {
          message: "",
          todos: []
        },
        methods: {
          add: function() {
            this.todos.push({"item": this.message});
            this.message = '';
          },
          del: function(index){
            this.todos.splice(index, 1);
          }
        }
      });
    </script>
  </body>
</html>
```

　まだサーバとつながっていませんがForm版やAjax版と同じような挙動になります。データを保存していないので、ブラウザを立ち上げる度に初期化されてしまいます。

　`<script>`の中を見てください。DOMにアクセスするコードが一切ないことがわかります。

　・addメソッドでは、todos配列に要素を追加（push）するだけ

　・delメソッドでは、todos配列から要素を1つ削除（splice）するだけ

　それなのに画面が速やかに更新されます。DOMを意識してコードを書く必要がないのです。これはとても大きなメリットです。フレームワークのすごさをかいま見た気がしないでしょうか。

　復習を兼ねてVue.jsの使い方を簡単に説明します。

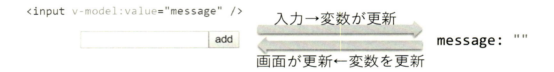

Vueオブジェクトで「el: "#app"」と指定しているので紐づくHTMLはidがappの要素です。Vueオブジェクトの中ではdataプロパティにmessageとtodosが指定されています。これらがHTMLのビューに紐づけられます。

テンプレートには2つの関数addとdelがあり、Vueオブジェクトのmethodsプロパティにこれらの関数が定義されています。

入力領域は<input v-model:value="message" />とありますが、v-modelが指定されると双方向バインディングとなり、input要素のvalueプロパティとVueオブジェクトのmessageプロパティは相互に連携するようになります。

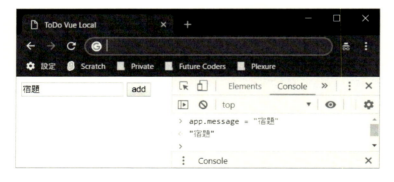

input要素に文字を入力すると、その内容が変数messageに速やかに反映されます。逆にmessageに値を代入すると、その内容がinput要素に反映されます。デベロッパーツールのConsoleから以下のように試すとその様子がよくわかります

app.messageに文字列を代入するとその内容がinput要素に反映されます。逆にinput要素に何か文字列を入力し、app.messageの内容を評価すると入力した文字列が取得できます。特に代入などの処理をしなくても値が相互に反映される、これが双方向データバインディングの威力です。

addボタンが入力されるとVueオブジェクトのaddメソッドが実行されます。

```
add: function() {
  this.todos.push({"item": this.message});
  this.message = '';
},
```

this.messageにはinput要素に入力されている内容が格納されています。それを{"item": this.message}というオブジェクトにしてtodos配列に追加しています。配列に追加した後で、入力内容をクリアするためにthis.message = '' を実行しています。

以下のテンプレートで箇条書きを表示しています。

```
<li v-for="(todo, index) in todos">
  {{ todo.item }}
  <button v-on:click="del(index)">DONE</button>
</li>
```

v-forディレクティブはその要素を繰り返し出力します。todosはVueオブジェクトのdataプロパティに宣言されている配列です。その配列からひとつずつ要素を取得して、要素をtodoに、その番号をindexに格納して、内部を繰り返し出力します。{{ todo.item }}はtodoオブジェクトのitemプロパティをこの場所に出力することを意味します。仮にtodoが[{item:'買い物'}, {item:'料理'}]のとき、実際に出力されるHTMLは以下のようになります。

```
<li>
  買い物
  <button v-on:click="del(0)">DONE</button>
</li>
<li>
  料理
  <button v-on:click="del(1)">DONE</button>
</li>
```

DONEがクリックされるとVueオブジェクトのdelメソッドが実行されます。引数に番号が引き渡されます。delメソッドはtodosからindex番目の要素を削除しているだけです。

```
del: function(index){
  this.todos.splice(index, 1);
}
```

Vue.jsというフレームワーク固有の記述が散見されるため、難しそうにみえるかもしれませんが、

第12章　サンプルアプリ作成で確かめるWeb技術の変遷　315

JavaScriptでDOMを操作する必要がないことに注目してください。データの内容が自動的に画面に反映されるために、データの操作に集中することができます。

12.4.2　MongoDBバージョン

では、サーバ側とクライアント側をつなぎ、データをMongoDBに格納しましょう。まずはサーバ側です。

●todo-vue1.py

```python
from flask import Flask, jsonify
from flask_cors import CORS
from bson.objectid import ObjectId
import pymongo

client = pymongo.MongoClient("mongodb://localhost:27017/")
mydb = client["ToDoVue"]
todo = mydb["todo"]

app = Flask(__name__)
CORS(app)

@app.route("/getitems")
def getitems():
    items = []
    for doc in todo.find():
        items.append({'item' : doc['item'], '_id' : str(doc['_id'])})
    return jsonify(items)

@app.route("/add/<item>")
def addItem(item):
    r = todo.insert_one({"item":item})
    return jsonify({'item' :item, "_id": str(r.inserted_id) })

@app.route("/del/<id>")
def delItem(id):
    todo.delete_one({ "_id" : ObjectId(id) })
    return jsonify({"Result":"Success"})

if __name__ == "__main__":
    app.run(debug=True)
```

まずローカルのMongoDBと接続し、"ToDoVue"というデータベースを作成し、その中に"todo"というコレクションを作成します。今回は以下の3つのRouteを作成しています

・@app.route("/getitems")

　データベースからすべてのToDoアイテムを取得してクライアントに返します。todo.findメソッドでコレクションのすべての要素をとりだし、リストitemsにappendメソッドで追加しています。挿入するオブジェクトにはitemと_idという2つのプロパティを設定しています。

```
{'item' : doc['item'], '_id' : str(doc['_id'])}
```

　_idは要素を挿入したときに自動で付与されるIDです。要素を削除するときに必要になるため、クライアントに送り返しています。最後にjsonifyを使ってオブジェクトをJSONに変換してクライアントに送り返しています。

・@app.route("/add/<item>")

　Webページからは「/add/Study」のように追加する内容がitemに格納されて渡されます。todo.insert_one({"item":item})メソッドでコレクションに要素を挿入しています。追加した要素の_idはr.inserted_idで取得できます。以下の命令を実行して追加した要素のJSONをクライアントに返しています。

```
return jsonify({'item' :item, "_id": str(r.inserted_id) })
```

・@app.route("/del/<id>")

　削除する要素のidが「/del/5bf0cefc4081e203f82cddc9」のようにWebページから渡されます。それを受けて、todo.delete_one({ "_id" : ObjectId(id) })と実行して指定されたidのドキュメントを削除しています。クライアントには以下の行で常に成功のJSONを返しています。

```
return jsonify({"Result":"Success"})
```

　特にフレームワークを意識することなく、Web-APIを実装しただけの普通のサーバです。

　クライアント側は以下の通りです。

```
<!DOCTYPE html>
<html lang="ja">
  <head>
    <meta charset="UTF-8" />
```

```html
    <title>ToDo Vue MongoDB</title>
    <script src="https://cdn.jsdelivr.net/npm/vue"></script>
    <script src="https://unpkg.com/axios/dist/axios.min.js"></script>
  </head>
  <body>
    <div id="app">
      <input v-model:value="message" />
      <button v-on:click="add">add</button>
      <ul>
        <li v-for="(todo, index) in todos">
          {{ todo.item }}
          <button v-on:click="del(index, todo._id)">DONE</button>
        </li>
      </ul>
    </div>
    <script>
      var app = new Vue({
        el: "#app",
        data: {
          message: "",
          todos: []
        },
        methods: {
          add: function() {
            axios.get("http://localhost:5000/add/"+this.message)
            .then(res => {this.todos.push(res.data)})
          },
          del: function(index, id){
            axios.get("http://localhost:5000/del/"+id)
            this.todos.splice(index, 1)
          }
        },
        mounted(){
          axios
            .get("http://localhost:5000/getitems")
            .then(res => {this.todos = res.data})
        }
      });
    </script>
  </body>
</html>
```

318 │ 第12章　サンプルアプリ作成で確かめる Web 技術の変遷

ローカルバージョンとほぼ同じです。addメソッド実行時、delメソッド実行時、初期化時にサーバと通信する点が異なります。HTMLからAjaxでサーバと通信をするためのaxiosモジュールを読み込みます。

```
<script src="https://unpkg.com/axios/dist/axios.min.js"></script>
```

ページが初期化してVueオブジェクトが使える状態になるとmountedメソッドが呼び出され、axiosのgetメソッドが実行されます。

```
axios
  .get("http://localhost:5000/getitems")
  .then(res => {this.todos = res.data})
```

axiosは以下のように使用します。

```
axios
  .get(アクセスするURL)
  .then(コールバック関数)
```

URLにアクセスし、サーバから応答が返ってくるとコールバック関数が呼び出されます。サーバからの応答がコールバック関数の引数として渡されます。上記の例では、resがその引数となります。そのdataプロパティにサーバからの返答となるデータが格納されているので、それをVueオブジェクトのtodosリストに代入します。あとはVueが画面に反映してくれます。

項目を追加する箇所は以下の通りです。

```
add: function() {
  axios.get("http://localhost:5000/add/"+this.message)
  .then(res => {this.todos.push(res.data)})
},
```

追加用のURLを呼び出します。コールバック関数において、サーバからの応答がres.dataで取得できるので、Vueオブジェクトのtodosリストに追加します。

項目を削除する箇所は以下の通りです。indexが項目の番号、idが項目のidです。

```
del: function(index, id){
  axios.get("http://localhost:5000/del/"+id)
  this.todos.splice(index, 1)
}
```

第12章　サンプルアプリ作成で確かめるWeb技術の変遷 | 319

削除用のURLを呼び出すとき、URLの一部に`id`を含めています。サーバはその`id`を探してデータベースから項目を削除します。削除する際にはサーバからの応答は使用しません。単に`todos`リストの`index`番目の項目を削除するだけです。
　このように、JavaScriptのスクリプトでDOMを一切意識していないことに注目してください。データを更新するだけで、画面は自動的に更新されます。
　サーバを動かしてクライアントページを実行します。MongoDB Compass Communityを動かしておくとデータベースの内容が操作の都度更新されることが確認できます。

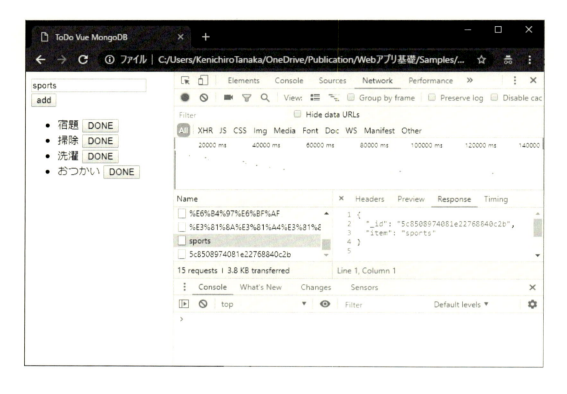

320　第12章　サンプルアプリ作成で確かめるWeb技術の変遷

12.5 Bootstrapバージョン

いよいよToDoリストアプリの最終段階です。Bootstrapを使って見た目をよくしてみましょう。

最後にBootstrapを組み込んで見た目を改善します。上部にJumbotronを、その直下にアイテムを追加するためのFormを配置します。Todoリストの項目はその下にCardレイアウトを使って並べられます。

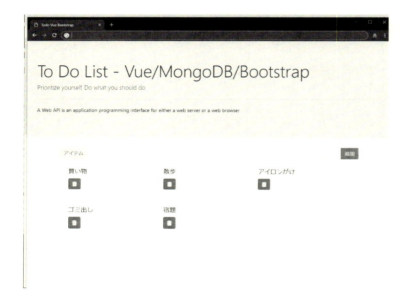

ブラウザの幅が変わると自動的にレイアウトされます。

●todo-vue2.html

```
<!DOCTYPE html>
<html lang="ja">
<head>
  <meta charset="UTF-8">
  <meta name="viewport" content="width=device-width, initial-scale=1.0">
  <title>Todo Vue Bootstrap</title>
  <link rel="stylesheet" href="https://stackpath.bootstrapcdn.com/bootstrap/4.1.3/css/bootstrap.min.css" integrity="sha384-MCw98/SFnGE8fJT3GXwEOngsV7Zt27NXFoaoApmYm81iuXoPkFOJwJ8ERdknLPMO"
    crossorigin="anonymous">
  <link rel="stylesheet" href="https://use.fontawesome.com/releases/v5.5.0/css/all.css" integrity="sha384-B4dIYHKNBt8Bc12p+WXckhzcICo0wtJAoU8YZTY5qE0Id1GSseTk6S+L3BlXeVIU"
    crossorigin="anonymous">
  <script src="https://cdn.jsdelivr.net/npm/vue"></script>
  <script src="https://unpkg.com/axios/dist/axios.min.js"></script>

  <style scoped>
    #todo > span {
      display: inline-flex; flex-wrap: wrap;
    }
    .v-enter-active, .v-leave-active {
      position: absolute;
      transition: all 1s;
    }
    .v-enter, .v-leave-to {
```

第12章　サンプルアプリ作成で確かめるWeb技術の変遷　323

```
      opacity: 0;
      transform: translateY(-20px);
    }
    .v-enter-to {
      opacity: 1;
    }
    .v-move {
      transition: transform 1s;
    }
  </style>
</head>

<body>
  <div class="jumbotron">
    <h1 class="display-4">To Do List - Vue.js/MongoDB/Bootstrap</h1>
    <p class="lead">Prioritize yourself, Do what you should do</p>
    <hr class="my-4">
    <p>A Web API is an application programming interface for either a web server
or a web browser</p>
  </div>

  <div id="app" class="container">
    <div class="row">
      <div class="input-group">
        <div class="input-group-prepend">
          <span class="input-group-text">アイテム</span>
        </div>
        <input type="text" class="form-control" v-model:value="message" />
        <button class="input-group-append btn btn-primary" v-on:click="add">追
加</button>
      </div>
      </form>
    </div>

    <div class="row" id="todo">
      <transition-group appear>
        <div v-for="(todo, index) in todos" :key="index" class="card m-2"
style="width:18rem;">
          <div class="card-body">
            <h5 class="card-title">{{ todo.item }}</h5>
            <button class="btn btn-secondary" v-on:click="del(index, todo._id)">
```

324 | 第12章 サンプルアプリ作成で確かめる Web 技術の変遷

```
          <i class="fas fa-trash-alt"></i>
        </button>
      </div>
    </div>
  </transition-group>
  </div>
</div>

<script>
  var app = new Vue({
    el: "#app",
    data: {
      message: "",
      todos: []
    },
    methods: {
      add: function () {
        axios.get("http://localhost:5000/add/" + this.message)
          .then(res => {
            this.todos.push(res.data);
            this.message = "";
          })
      },
      del: function (index, id) {
        axios.get("http://localhost:5000/del/" + id);
        this.todos.splice(index, 1);
      }
    },
    mounted() {
      axios
        .get("http://localhost:5000/getitems")
        .then(res => {
          this.todos = res.data;
        })
    }
  });
</script>
</body>
</html>
```

Bootstrap用のスクリプトやCSSなどがあるため複雑そうに見えますが、前のVue.jsバージョン

第12章　サンプルアプリ作成で確かめるWeb技術の変遷 ｜ 325

と処理内容は同じです。

　いろいろなバージョンのToDoリストアプリをみてきました。DOMを使って文書を操作していた頃と今のフレームワークを比べるとWeb関連技術が大きく進化していることを実感できると思います。学習する内容は増えていますが、いったん習得すれば実装にかかる時間は大幅に軽減できるはずです。量が多いので圧倒されるかもしれませんが、少しずつ取り組んで頂ければとおもいます。

おわりに

　Web関連の膨大な範囲を1冊で説明することは無謀のようにも感じましたが、要点に注力して、例を用いながら説明してきました。「どこにどんな技術が使われているか」といった全体像を理解する一助になればと願っています。

　最後にこの場を借りて御礼を申し上げます。コンサルタント先の方々には原稿段階からレビューを頂くとともに各種フィードバックを頂きました。Future Codersの生徒様には、本書に着手するきっかけを頂きました。「既存の教材を終了した方に新しい教材を準備しなくては……」というのが大きなモチベーションであり、このプレッシャーこそが執筆の原動力でした。最後に、さまざまな助言をくださった編集の向井様、企画を応援してくださった桜井様、いつもながらお世話になりました。改めて御礼申し上げます。

　本書の内容が習得できたら、次はクラウドサービスと連携した、高度なWebアプリの構築です。生徒さんに追いつかれないよう、次の教材の準備に取り掛かりたいと思います。

Future Codersについて

Future Codersは川崎市中原区にあるプログラミングスクールです。少人数・個別指導形式で手を動かしながらプログラミングのスキルを身に付けられます。また、スクールだけでなく、企業研修・教材作成なども随時受け付けております。新人教育などに興味をお持ちの企業・学校・団体、お気軽にお声がけください。

http://future-coders.net

著者紹介

田中 賢一郎 (たなか けんいちろう)

1994年慶應義塾大学理工学部修了。キヤノン株式会社に入社し、デジタル放送局の起ち上げに従事。その間に単独でデータ放送ブラウザを実装し、マイクロソフト(U.S.)へソースライセンスする。Media Center TVチームの開発者としてマイクロソフトへ。MSではWindows、Xbox、Office 365などの開発・マネージ・サポートに携わる。2016年に中小企業診断士登録後、1年間IT関連の専門学校で現場経験を積み、2017年にFuture Coders (http://future-coders.net)を設立。セカンドキャリアとしてプログラミング教育にコミット。趣味はジャズピアノ演奏。
著書は、『ゲームで学ぶJavaScript入門 HTML5&CSSも身につく！』(2016年、インプレス刊)、『ゲームを作りながら楽しく学べるHTML5+CSS+JavaScriptプログラミング 改訂版』(2017年、インプレスR&D刊) など多数。

◎本書スタッフ
アートディレクター/装丁：岡田 章志＋GY
編集：向井 領治
デジタル編集：栗原 翔

Future Codersシリーズについて：
Future Coders (http://future-coders.net)は、本書の著者田中賢一郎氏が設立した「プログラミング教育を通して一人ひとりの可能性をひろげる」という理念のもと、楽しいだけで終わらない実践的な教育を目指しています。
Future Codersシリーズは、「Future Coders」の教育内容に沿ったプログラミング解説の書籍シリーズです。

●本書の内容についてのお問い合わせ先
株式会社インプレスR&D　メール窓口
np-info@impress.co.jp
件名に「本書名」問い合わせ係」と明記してお送りください。
電話やFAX、郵便でのご質問にはお答えできません。返信までには、しばらくお時間をいただく場合があります。
なお、本書の範囲を超えるご質問にはお答えしかねますので、あらかじめご了承ください。
また、本書の内容についてはNextPublishingオフィシャルWebサイトにて情報を公開しております。
http://nextpublishing.jp/

●落丁・乱丁本はお手数ですが、インプレスカスタマーセンターまでお送りください。送料弊社負担 にてお取り替え
させていただきます。但し、古書店で購入されたものについてはお取り替えできません。
■読者の窓口
インプレスカスタマーセンター
〒101-0051
東京都千代田区神田神保町一丁目105番地
TEL 03-6837-5016／FAX 03-6837-5023
info@impress.co.jp
■書店／販売店のご注文窓口
株式会社インプレス受注センター
TEL 048-449-8040／FAX 048-449-8041

Future Coders
Web技術速習テキスト

2019年7月5日　初版発行Ver.1.0（PDF版）

著　者　田中 賢一郎
編集人　桜井 徹
発行人　井芹 昌信
発　行　株式会社インプレスR&D
　　　　〒101-0051
　　　　東京都千代田区神田神保町一丁目105番地
　　　　https://nextpublishing.jp/
発　売　株式会社インプレス
　　　　〒101-0051　東京都千代田区神田神保町一丁目105番地

●本書は著作権法上の保護を受けています。本書の一部あるいは全部について株式会社インプレスR&
Dから文書による許諾を得ずに、いかなる方法においても無断で複写、複製することは禁じられてい
ます。

©2019 Tanaka Kenichiro. All rights reserved.
印刷・製本　京葉流通倉庫株式会社
Printed in Japan

ISBN978-4-8443-9876-9

●本書はNextPublishingメソッドによって発行されています。
NextPublishingメソッドは株式会社インプレスR&Dが開発した、電子書籍と印刷書籍を同時発行できる
デジタルファースト型の新出版方式です。https://nextpublishing.jp/